Reichel
Verlag

Monika Jaeger

Katze vermisst
Hund entlaufen
Vogel entflogen

Gesuchte Tiere wiederfinden

93055 Regensburg
E-Mail: mail@reichel-verlag.de
www.reichel-verlag.de

Cover Gestaltung: Christian Wolf – www.artworkersdesign.de

ISBN 978-3-910402-01-0

Inhalt

Gib einem Menschen ein Tier
und seine Seele wird gesund

1. Die ganzheitliche Arbeit

Diese Woche konnte ich von fünf vermissten Kummerkindern innerhalb weniger Tage vier zu ihrem Zuhause zurückbringen. Zurück in ein behütetes Leben, zurück zu ihren Menschen, die alles unternommen haben, um dem geliebten Hausgefährten zu helfen.

Tierkommunikation, gepaart mit praktischen Tipps für die Vorgehensweise, ist eine der hilfreichsten Möglichkeiten, ein Tier in Abwesenheit zu unterstützen, ihm Zuversicht und Mut zu vermitteln, aber auch Ideen zu geben, was es selbst unternehmen kann, um sich zu helfen.

Seit über 40 Jahren arbeite ich mit Tieren und natürlich waren auch schon von meiner tierischen Familie einige „überfällig". Ich kann alle Aufregung und jeden Schmerz verstehen und weiß, wie wichtig es ist, das Gefühl zu haben, Hilfe und Unterstützung zu bekommen und manchmal auch einfach jemanden zu haben, der zuhört.

Als sehr bodenständiger Mensch stand ich selbst ehemals der Tierkommunikation etwas skeptisch gegenüber. Heute aber bin ich in dem Wissen, dass mich die Tiere verstehen und sie auch selbst sich verständlich machen können. Das Verständnis und die Umsetzung meiner Angebote an sie beeindrucken mich jeden Tag aufs Neue. Viele nehmen in allen Lebenslagen gerne Hilfe an und hören sehr gut zu. Seit über 20 Jahren arbeite ich jetzt als Tierkommunikatorin und nach wie vor sind „Happy-End-Tage" die schönsten.

Damit viele Tiere wieder den Weg nach Hause finden, habe ich mich entschieden, so viele Menschen wie möglich an meinem Wissen, an meinem Alltag teilhaben zu lassen. Es gibt aber keine allgemeingültige Bedienungsanweisung, sondern nur Erfahrungen. Ich erhebe nicht den Anspruch, dass die Heimführung eines Tieres immer auf eine bestimmte Art und Weise abläuft. Ich teile meine Erfahrungen, wie sie sich für mich darstellen.

Dieses Buch ist gedacht für Menschen, die ihre geliebten Hausgefährten vermissen, um klarer und ruhiger agieren zu können. Damit sie mehr über die Zusammenarbeit mit einer Tierkommunikatorin wissen und vielleicht innovativer mit unseren Aussagen und Hilfestellungen umgehen können. Ich möchte über unsere Möglichkeiten informieren, aber natürlich auch über das, was wir nicht leisten können.

Es würde mich auch sehr freuen, wenn Kolleginnen und Kollegen (wir wollen ja nicht ganz vergessen, dass es auch einige wenige männliche Kollegen gibt, und bitte diese jetzt schon um Entschuldigung, wenn ich die männliche Ansprache für den Rest des Buches vernachlässige!) den ein oder anderen Ansatz hilfreich finden für die eigene Arbeit.

Dieses Buch wird keine Aneinanderreihung von Happy Ends sein. Ich möchte Ihnen von den Tieren erzählen, die mich mehr Verständnis dafür gelehrt haben, wie ich ein Tier am besten darin unterstützen kann, wieder den Weg nach Hause zu finden. Naturgemäß kann ich am meisten von den Tieren lernen, bei denen ein Feedback der zugehörigen Menschen möglich war, von Tieren also, die gefunden wurden.

Bitte sehen Sie das aber nicht als Aussage von mir, dass ich jedes Tier nach Hause bringen kann.

Gerade hier möchte ich mich auch nicht davor scheuen, von „Pleiten, Pech und Pannen“ zu erzählen, denn die sind etwas, was uns auch bereichert und weiterentwickeln lässt.

In einem weiteren Kapitel möchte ich Sie gerne auch darüber informieren, was ich mithilfe von Tierkommunikation vorbeugend leisten kann, damit Ihr Schatz erst gar nicht auf „abwegige“ Ideen kommt!

2.
Was ist Tierkommunikation?

Darunter versteht man die telepathische Kommunikation mit Tieren. Telepathie ist die universelle Sprache unter allen Spezies und bedeutet „Fühlen auf Entfernung". Wir alle sind mit dieser Fähigkeit in uns geboren. Allerdings wird in unserer Gesellschaft die logische Seite unseres Gehirns als das einzig Wahre gefördert und so geraten unsere emotionalen Möglichkeiten immer weiter in Vergessenheit.

Kleine Kinder besitzen häufig noch diese Verbindung zu den tierischen Freunden, diese tiefe fühlende Verbindung zu ihren Tieren. Es entzückt mich immer wieder, mit welcher Leichtigkeit mir Kinder erzählen können, was das Tier gerade denkt oder möchte. Vielleicht standen Sie ja auch schon mal vor so einem kleinen Persönchen, das Ihnen erzählt hat, was die geliebte Katze gerade möchte, auf welches Spiel der Hund gerade Lust hat. Oder vielleicht haben Sie schon erlebt, dass Sie ein Kind stehen lässt, weil das Lieblingspony sagt, dass es jetzt auf die Weide möchte. Das klingt so ernsthaft und selbstverständlich und Menschenkind und Tier agieren in einer solchen Leichtigkeit miteinander, dass alles in einem sagt, dass es genauso sein muss! Erfahren Kinder jedoch keine Unterstützung oder vielleicht sogar Kritik, wenn sie erzählen, was der Hund, die Katze oder das Kaninchen gesagt hat, gerät diese Verbindung mehr und mehr in Vergessenheit. Sensitivität wird leider in unserer Leistungsgesellschaft nur selten erkannt und gefördert.

Bestimmt ist es aber auch Ihnen schon einmal passiert, dass Ihnen plötzlich ein Freund oder eine Freundin in den Sinn kam und diese Person kurz darauf anrief. Vielleicht hat sich auch schon einmal irgendeine Unruhe in Ihnen breitgemacht, und kurz darauf erfuhren Sie, dass die Familie Sie dringend brauchte. Würde ich jemanden fragen, wie sich das angefühlt hat, würde man mir wahrscheinlich antworten: „Es war einfach so da und ich wusste es."

Im Gegensatz dazu fühlt sich eigenes, aktives Denken langsamer oder anstrengender an.

Telepathie ist die Übertragung auf einem, mehreren oder auch allen Sinnen und passiert meist in Bruchteilen einer Sekunde. Viele meiner Schülerinnen haben mir schon oft beschrieben, dass es sich wie ein „Flash" anfühlt, der einem zufliegt. Ich kann also innere Bilder sehen oder akustische Eindrücke haben, fast so, als hätte es jemand laut ausgesprochen. Teilweise können auch Gerüche und Geschmack sowie das Tasten übertragen werden. Dazu gehört darüber hinaus die gesamte Palette des Fühlens oder auch einfach des inneren Wissens.

All diese Eindrücke, die das Tier übermittelt, übersetze ich in die menschliche Sprache.

Gegengleich achte ich darauf, dass ich zwar in menschlicher Sprache mit dem Tier rede, aber auch darauf, das, was ich ausdrücke, sehr bewusst zu fühlen und klare Vorstellungen von Bildern, Gerüchen, Geräuschen etc. zu übermitteln.

Telepathische Verständigung ist uraltes Wissen und für die meisten Naturvölker ist es ein Teil des Normalen, sich auf diese Weise auf Distanz untereinander zu verständigen, aber auch Tierbewegungen zu verfolgen.

Diese Sensitivität trägt jeder in sich und mit etwas Übung kann diese Fähigkeit wieder aktiviert werden.

Gut ausgebildete, geübte Tierkommunikatorinnen sind so in der Lage, zwischen Mensch und Tier zu übersetzen und in vielen unterschiedlichen Themen zu vermitteln, wie Verhalten, Krankheiten, dem Älterwerden, dem Übergang und natürlich auch dann, wenn Ihr Tier vermisst wird.

3.
Wie kann eine Tierkommunikatorin helfen?

Jede Situation und jedes Tier wird etwas anderes erfordern.

Ich werde beruhigen, ermutigen, ermahnen, missverstandene Situationen auflösen und Alternativen aufzeigen.

Ich werde versuchen, die „Flüchter" und „Läufer" in ihrem Vorwärtsdrang zu stoppen und standorttreu zu bekommen oder nach Hause umzuleiten.

Die „Verstecker" werde ich ermutigen, aktiv zu werden.

Die „Aufgeber" werde ich anspornen, neue Lösungen zu erforschen.

Dem „Schmoller" werde ich Lösungen anbieten, wie er sich wertgeschätzt fühlen kann.

Den „Abgeber" werde ich überzeugen, dass er für sich selbst verantwortlich ist und nicht warten kann, bis sein Mensch kommt, um ihn zu retten.

Was es mit diesen verschiedenen Typen und Charakteren auf sich hat, erfahren Sie ausführlich in späteren Kapiteln.

Ich bemühe mich, den Tieren Hilfe zur Selbsthilfe zu geben und zu erklären, was förderlich ist, damit ihr Mensch sie abholen kann oder sie selbst den Weg nach Hause finden.

Mit energetischer Körperarbeit und einem Heilkreis unterstütze ich die Leistungs- und Durchhaltekraft, um das Tier zur Ruhe zu bringen und von ruhigem Handeln überzeugen zu können.

Soweit es dem Tier möglich ist, lasse ich mir alle Eindrücke zeigen, um seinem Menschen dazu Ideen geben zu können, wo es sich aufhalten kann.

Mit meinem menschlichen Kunden stimme ich natürlich immer ab, welche Vorschläge ich den Tieren unterbreite. Es ist wichtig, abzugleichen, welche Möglichkeiten, Zeiten und Suchoptionen der Mensch zum Tier einrichten kann. All das sind Grundlagen, damit der richtige Mensch mit dem richtigen Tier wieder zusammenkommen kann.

Aber lassen Sie uns von vorne beginnen!

4.
Mein Tier ist weg!

Nach dem ersten Schrecken sollten Sie erst noch einmal Ihren Haushalt oder das Umfeld in Ruhe überprüfen.

Nicht selten finde ich Kaninchen in Kleiderschränken, Katzen im Keller oder Hunde beim Nachbarn mit dem leckeren Stück Fleischwurst!

Auch eine Schildkröte, die mit ihrem Panzer unter dem Garderobenschrank festhing, war schon dabei. Leider war in ihrem Kopf nur der Vorwärtsgang gespeichert. Die Idee, rückwärts zu gehen, brachte sie jedoch schnell wieder ans Licht!

Gut erinnere ich mich an die Geschichte von Sissi, einer kleinen Mixhündin.

Ihr Mensch rief mich ganz verzweifelt abends an, dass ihr Hund nicht mehr da sei. Sie wollte nach der Arbeit nach Hause fahren – kein Hund mehr da. Sissi durfte ihren Menschen jeden Tag zur Arbeit in einem Hotel begleiten und war sozusagen das Maskottchen. Jeder Gast mochte sie, Sissi erwies sich ihres Auftrages als Empfangsdame als sehr würdig, begleitete jeden zum Auto oder auch ein Stück des Spazierweges. Bestimmt war sie gestohlen worden oder zu weit mitgegangen und fand den Weg nach Hause nicht mehr!

> Die Hündin zeigte mir gleich, dass es nett wäre, wenn man sie holen könnte, es wäre arg langweilig und sie habe Hunger. Sie vermittelte das deutliche Gefühl, dass sie irgendwo nach unten gegangen und in einem Raum war mit engen Regalen und voll gestellt. Also alle Kriterien, die wohl ein Keller erfüllen würde.
>
> Ich bat die Dame, die bereits die ganze Umgebung absuchte, wieder zum Hotel zurückzukehren und nochmals im Keller nachzusehen bzw. in Räumen, die so aussehen.

Gefunden wurde die kleine Maus dann in einer Wäschekammer im zweiten Stock. Ihr Frauchen arbeitet zwei Stockwerke höher, also war sie nach unten gegangen und wohl mit jemandem aus dem Service unbemerkt zur „Kontrolle“ mit in den Raum gegangen und wurde dann eingesperrt. Ihrer Würde bewusst fiel es Sissi aber gar nicht ein, wie ein „normaler“ Hund Protest zu bellen, sondern sie benahm sich auch in dieser misslichen Situation eben wie eine Dame.

Die Kleine hätte bestimmt bis zum nächsten Tag warten müssen, dass sie jemand zufällig entdeckt, während ihr Mensch draußen im Wald auf Suche gewesen wäre und sich die Nacht um die Ohren geschlagen hätte!

Ein weiteres Beispiel ist das „Nichtabenteuer“ von Diego, dem Kater:

Auch hier der dringende Anruf, diesmal wegen einer vermissten Katze. Es musste etwas Schlimmes passiert sein. Der Kater war aus dem Freigang nicht mehr nach Hause gekommen und obwohl er extra noch einen Funksender trug, gab es keine Signale. Im schlimmsten Fall musste also das Gerät kaputt sein und der Kater eventuell überfahren irgendwo hilflos liegen.

Als ich mich mit dem Kater verband, bekam ich aber sofort die Behauptung zu hören, er würde doch nie fortlaufen und sei zu Hause. Auf meine Frage, wo er denn stecke, zeigte er mir viel Metall und er wisse nicht, was das sei.

Ich schickte die Frau auf Suche und hatte nach kurzer Zeit die Information, dass der Große ein Nickerchen in der Werkstatt unter einem Regal gemacht hatte. Die Metallregale oder auch die darauf gelagerten Autoteile hatten wohl den Funkempfang für das Peilgerät gestört, denn es war absolut funktionsbereit.

Damals hat mir noch die Eingebung gefehlt, dass ich das Tier doch hätte fragen sollen, ob es nicht genau deswegen diesen nicht so einladenden Schlafplatz gewählt hatte. Vielleicht ist es ja in Bezug auf die Schwingungen des Senders genauso empfindlich, wie manche Menschen auch die Strahlung eines Handys fühlen können. Heute würde ich solche

Sachverhalte sofort abklären, um dem Tier auch für die Zukunft guten Schlaf zu bescheren, ohne dass es sich solche ungemütlichen Plätze suchen muss.

Außerdem hätte ich noch eine entzückende Schlangenlady zu bieten:

> Der Sohn meiner Kundin hatte das ca. einen halben Meter lange Tier aus dem Terrarium aufgenommen, dann aber ohne Aufsicht allein gelassen. Die Vermutung war, dass die Kleine in den Garten entwichen war.
>
> Mir gegenüber behauptete sie aber, es sich nur „gemütlich" gemacht zu haben.
>
> Nach meiner dringenden Bitte, sich doch sehen zu lassen, um ihre Menschen zu beruhigen, staunte die Frau nicht schlecht, als kurz nach unserem Gespräch bei der Küchenarbeit zwischen Schrank und Kühlschrank ein kleiner Kopf hervorschaute, nur um sich gleich wieder zurückzuziehen. Wie sich herausstellte, hat die Schlangendame sich hinter dem Kühlschrank um die warmen Motorteile gewickelt, schließlich ist ein Kühlgerät ja nur innen kühl. Auf solche Ideen kommen wir Menschenkinder natürlich nicht wirklich!

Sie haben bereits alle Möglichkeiten im Haus geprüft, wo Ihr Schatz stecken könnte, und sind nicht fündig geworden? Dann muss die Suche jetzt erweitert werden.

5.
Auf die Suche, fertig, los!

Erst mal werden Sie gewiss loslaufen und die bekannten Lieblingswege und Verstecke ihres Schatzis absuchen.

Bitte nehmen Sie sich dabei bereits Folgendes zu Herzen:

Für eine gute Suche sollten Sie, lieber Mensch, absolut immer ruhig sein, unabhängig davon, ob ich bereits eingebunden bin oder nicht!

Eine Ausstrahlung von Ruhe, Unterstützung und Selbstbewusstsein hilft auch Ihrem Tier, neue und eventuell unsichere Situationen souveräner zu meistern.

Sie sind immer mit Ihrem Tier verbunden, es kann Sie auch auf Distanz fühlen. Wenn Sie aufgeregt, hektisch oder gedanklich in irgendwelchen Schreckensszenarien verhaftet sind, fühlt das auch Ihr Tier. Das ist nicht sehr hilfreich, wenn das Tier mutig und zuversichtlich mit einer vielleicht beängstigenden Situation umgehen soll.

Kunden haben mir in diesem Zusammenhang die Worte „ressourcenorientiert“ und „lösungseffizient“ zugeworfen, ob ich das meine. Ja, ich meine auch das. Bevor ich aber trockene Worte benutze, wäre es mir lieber, Sie könnten bei allem Ernst der Lage doch einen Moment selbst über sich schmunzeln und bemerken, wenn Sie wie ein aufgescheuchtes Hühnchen planlos durch die Gegend flitzen. Das hilft dabei, runterzukommen und erst mal wieder durchzuatmen.

Eine gute Suche beginnt in der Küche!

Rufen Sie einmal liebevoll einladend nach Ihrem Juwelchen, so, als ob es vergessen hätte, rechtzeitig zum Essen zu kommen.

Und genau mit dieser sanften, ruhigen, einladenden Stimmlage dürfen Sie sich jetzt anziehen und draußen suchen gehen!

Sofern Sie sich nicht sicher sind, dass Sie den Stress in der Stimme unter Kontrolle haben, überlegen Sie bitte, welches Ritual von Ihnen und Ihrem Tier mit einem Geräusch verbunden ist, z. B. das Schütteln einer Büchse mit Leckerchen, die Packung Trockenfutter beim Nachfüllen. Der Klang kann sehr einladend wirken. Bei manchen Hundchen ist der Zauberruf auch das Klappern der Autoschlüssel.

Ausnahme: frisch adoptierte scheue Hunde! Nicht nachlaufen! Sie würden sie wegtreiben. Darüber mehr in einem späteren Kapitel.

Laufen Sie langsam, bleiben Sie auch immer einmal wieder stehen, schauen Sie sich um und machen Sie sich bewusst, wie es um Sie herum aussieht. Versuchen Sie, tierrelevante Dinge zu bemerken, z. B. den Laternenpfahl, an dem Ihr Hund so gerne markiert, die Heckenstelle, an der das Kätzchen gerne in Nachbargarten wechselt, usw. … Nehmen Sie ruhig eine Uhr mit und zwingen Sie sich gerade bei wiederholten Suchaktionen, immer mal wieder ein bis zwei Minuten stehen zu bleiben. Bis Ihr Tier realisiert, dass Sie es sind, und sich traut, sich auf den Weg zu machen, kann ein Moment vergehen. Wenn Sie weitergehastet sind, wird Ihr Tier sich wieder zurückziehen. Bitte nicht ständig rufen, es ist wichtig, auch Stille einkehren zu lassen.

Hilfreich ist es, die innere Vorstellung zu haben, mit Ihrem Tier mit einem Band oder Lichtstrahl verbunden zu sein. Darüber schreibe ich gleich im Kapitel „Übernahme von Emotionen“ nochmals!

Gerne empfehle ich, immer zwei Mal zu gehen. Einmal nach aller Logik, also dorthin, wo das Tier schon öfters war, zu Nachbarn, die es gern besucht, usw.

Das zweite Mal absolut nach Bauchgefühl und dabei versuchen, den Kopf auszuschalten, sich der Verbindung mithilfe des vorgestellten Bandes mit dem Tier bewusst sein und die Füße dorthin laufen lassen, wohin sie wollen.

Empfehlenswert ist es natürlich, je nach Spezies tageszeitabhängig zu suchen, also z. B. bei Katzen in den Dämmerungszeiten. Aber auch zu Zeiten, kurz bevor bei Ihnen zu Hause normalerweise etwas Wichtiges passieren würde. Die innere Uhr des Tieres ist darauf eingestellt und es besteht ein erhöhter „Ich-muss-jetzt-etwas-tun-Bedarf".

Sie brauchen sich nur daran zu erinnern, wie lange vor der Fütterungszeit Ihre Schätzchen schon unruhig um Sie herumstreichen und Sie förmlich hypnotisieren, wann es denn endlich was gibt.

Diese Unruhe hilft uns, wenn Ihr Tier draußen abgängig ist, denn die innere Uhr bleibt lange „richtig" eingestellt!

Bei sehr schüchternen oder geschockten Tieren kann uns auch in der Dunkelheit die gute alte Taschenlampe helfen, mit der wir unter Büsche und Bäume leuchten können oder in Kellern unter Regale! Dann sehen Sie die Augen leuchten, selbst wenn das Tier sich versteckt hält.

Die Kaninchen, Marder und Co. werden Ihnen verzeihen, wenn sie in der Ruhe gestört werden.

Bitte lassen Sie los von der Vorstellung, dass Ihr geliebtes Schatzi auf Sie zugeschossen kommt, sobald es Sie sieht oder hört!

Wenn Sie ein Gebiet abgegangen sind und gerufen haben, wird es oft „abgehakt" als abgesucht. Das heißt aber noch lange nicht, dass Ihr Tier nicht dort ist.

Ganz abgesehen davon, dass viele Katzen, aber auch Hunde, z. B. im Freigang komplett anders, sprich unnahbar und verwildert erscheinen, kann auch das zutraulichste, anhänglichste Tier durch ein Ereignis in den „Wildmodus" fallen und macht auf „unsichtbar".

Ich bitte immer darum, eine Suche nicht als „haben wollen" anzusehen, sondern eher als Angebot, dass man gerne behilflich wäre, dass das Schatzi ins sichere versorgte Zuhause zurückkommt.

Sollte ein Tier zurzeit nicht den Wunsch haben, mit Ihnen zurückzugehen, z. B., weil ein großer, fremder Hund am Haus war oder es noch nicht an die Familie gewöhnt ist, ist es wichtig, das Tier wissen zu lassen, dass es Ihnen ein Bedürfnis ist, es zu versorgen, und dass Sie auch die Bereitschaft haben, es im Außenbereich regelmäßig zu füttern. Für einen Erfolg einer Heimführung müssen wir bei manchen Tieren geistig erst mal einen Schritt zurücktreten und im Tempo des Tieres Angebote machen, die das Tier sich sicher fühlen lassen. Hier kann das Einrichten einer Futterstelle hilfreich sein.

Fühlen Sie einmal hinein in die Intention

„Ich will dich haben und einfangen/abtransportieren."

oder

„Ich würde dir gerne anbieten, weiter Teil meiner Familie zu sein, und unterstütze dich dabei, mit mir sicher nach Hause zu gehen."

Oder in manchen Fällen eben das noch kleinere Angebot:

„Ich möchte dich gerne sicher wissen und mit Futter versorgen und dir ein warmes Häuschen anbieten."

Was fühlt sich einladender und damit sicherer an?

Kater John stellte uns auf eine harte Probe.

> Er sagte mir ganz klar, dass er nur zwei bis drei Häuser im Umkreis entfernt sei, aber sich nicht frei bewegen könne und Angst habe. Seine Menschen nahmen Kontakt mit allen Nachbarn auf und durchkämmten Garagen, Gartenhäuser, Keller und Schuppen – kein Kater.
>
> Erst als es bei einer Nachbarin im Keller zu „müffeln" anfing, ging diese nochmals auf Erkundung und fand unter dem Regal ganz in die Ecke geklemmt ein Häufchen Elend. Da er bei ihr nicht reagierte, holte sie schnell die Nachbarn, damit sie ihr Tier herausholen konnten.

So leicht machte es das Kerlchen aber nicht. Der fremde Ort, die fremden Menschen, die auf ihn einredeten, die Enge, er selbst hungrig und dehydriert, ließen ihn starr werden vor Angst und unfähig, einen klaren Gedanken zu fassen. Bei den fremden Menschen, aber auch als seine eigenen Menschen dazukamen, war er vor Panik nicht fähig, sie zu erkennen, und kämpfte nur gegen die furchteinflößenden Arme, die ihn unter dem Regal hervorholen wollten. Hier blieb erst mal nichts anderes übrig, als provisorisch geschützt mit Jackenärmeln und umwickelt mit Handtüchern beherzt zuzugreifen und den Kater in einen Käfig umzusetzen.

So konnte der Schatz gefahrlos nach Hause gebracht werden. In seiner gewohnten Umgebung, mit Nahrung und Wasser vor der Käfigtür, konnte er diesen dann in seinem eigenen Tempo verlassen und wieder Sicherheit durch die gewohnte Umgebung und die vertrauten Gerüche erlangen. Seine vorhandenen Katzenkameraden halfen ihm ebenfalls, relativ schnell zu erkennen, dass zu Hause alles gut war!

Andere Schatzis bemerkten zwar ihren Menschen, ließen sich aber wenig oder gar nicht sehen, geschweige denn anfassen, folgten aber unauffällig und im eigenen Tempo.

Eine Katze trieb uns hier fast zur Verzweiflung. Die langjährige Wohnungskatze war ausgebüxt, als sie im Treppenhaus zur Erkundung unterwegs gewesen war. Ein wohlmeinender Mitmieter in dem Mehrfamilienhaus hatte ihr die Haustür aufgehalten.

Ihre Menschen waren verzweifelt, weil die Katze zwar immer wieder zur Haustür neben der belebten Straße zurückkehrte, sich sehen ließ, aber absolut nicht anfassen lassen wollte. Besonders der Mann des Hauses nahm das sehr persönlich und wurde zunehmend extrem ungehalten über die vermeintliche Dummheit des Tieres.

Meine Weisheit war langsam am Ende, wie ich noch erklären sollte, dass sie nicht „jagen“, sondern „anbieten“ müssen. Gebraucht wurde die gleiche ruhige, selbstverständliche Ausstrahlung wie in der Wohnung. Jeden Stress der Menschen empfand die Katze als „fluchtwürdig“ und zog sich wieder zurück.

Dieses Spiel ging über drei Wochen und gefühlt wurde die ganze Katzennachbarschaft angefüttert. Das war auch wieder kontraproduktiv, da die Katze sich vor den fremden Tieren noch mehr fürchtete.

Irgendwann konnte ich dann – nachdem alle der Sache doch sehr müde waren und der Mann das Tier aufgeben wollte – die Lösung zwischen allen Beteiligten finden, dass es nur noch ein „Minifutterangebot“ gebe mit Hinstellen und anschließendem Weggehen des Menschen, aber nur, wenn die Katze sich klar sehen ließe. So konnten die Menschen endlich das „Habenwollen“ aufgeben und das Tier fühlte sich nicht mehr gejagt, sondern lief wenige Tage später einfach mit, nach dem Motto: „Habt ihr noch mehr Essen für mich?“

Bitte seien Sie sich immer bewusst, dass Ihr Tier nach wie vor mit Ihnen verbunden ist. Wenn Sie hektisch und gestresst sind und in Ihren eigenen Horrorszenarien gefangen, wirkt das nicht gerade ermutigend und aufbauend auf ein Tier, das sich in einem Malheur befindet.

Ich brauche „toughe“ und ruhige Tiermenschen, die an ihr Tier glauben, die glauben, dass es das schaffen kann!

Schließlich erzählen Sie Ihrem Kind ja auch nicht, dass es beim Zahnarzt wehtut und auch was schiefgehen kann, wenn Sie es vom Spielen zum Zahnarzttermin abholen. Sie „verkaufen“ voller Zuversicht, dass es wohl mal zwicken könne, aber absolut erforderlich und richtig sei, um sich in Zukunft wohlzufühlen.

Übernahme von Emotionen

Selbstverständlich haben Sie jedes Verständnis von mir für Ihre Aufgeregtheit. Ich verstehe alle Überlegungen, ob das Tier eventuell überfahren wurde, eingesperrt ist, verletzt im Graben liegt und was es sonst noch alles an Schreckszenarien gibt.

Das Problem dabei ist, wie gesagt, dass Sie mit Ihrem Tier immer verbunden sind und es auch auf Entfernung Ihre Emotionen wahrnimmt, eventuell sogar bereit ist, Ihre Erwartungshaltung zu erfüllen.

Sie kennen doch bestimmt die Dynamik, wenn zum Kind gesagt wird: „Halt das Glas fest, damit es nicht herunterfällt!" Die Wahrscheinlichkeit einer Ungeschicklichkeit ist sehr viel höher.

Viele unserer Tiere sind durch unsere Sorge dann nicht nur verunsicherter, sondern auch unachtsamer und unkonzentrierter. Die Gefahr, dass etwas passiert, nimmt zu, selbst wenn das Tier bislang noch gar nicht in Schwierigkeiten oder in Gefahr war.

Bemühen Sie sich bitte um Gedankendisziplin, glauben Sie an Ihr Tier, seien Sie überzeugt, dass es den Weg nach Hause oder zu Hilfestellung finden kann!

Machen Sie sich ganz bewusst ein Bild, wie Sie mit Ihrem Tier verbunden sind, sei es mit einem Band, einem Seil, einer Leine, einem Sonnenstrahl oder was Ihnen angenehm ist. Stellen Sie sich vor, wie Mensch und/oder Tier an diesem Band entlanglaufen und sich dann zwangsläufig treffen müssen! – Das „Wie" lassen wir da außen vor!

Der Vorteil ist, dass Sie nur ein Bild intensiv denken können und somit aus Ihrem „Worst-Case-Szenario" herauskommen!

Tiere gehen auch gerne auf die Erwartungshaltung ihres Menschen ein und nehmen diese als gegeben hin.

Bei der Suche nach einem vermissten Hund hatte mir eine Dame gleich erklärt, dass das Tier wieder jagen gegangen sei. Das würde er öfter machen, nachdem er auf einem offenen Hof in sehr ländlicher Gegend zu Hause ist. Wenn Wild in Sichtweite komme, sei er schon einige Male der Versuchung erlegen und nachgelaufen. Jetzt würde er aber schon einen halben Tag weg sein, was absolut ungewöhnlich sei.

Das Hundchen zeigte mir seine Wälder und Wege, auch, dass er am Bach getrunken hatte. Alles war sehr detailliert und auch absolut auf die Gegend zutreffend.

Kurz darauf rief mich die Frau wieder an. Der Hund wurde gerade vom Nachbarn gebracht, wo er am Frühstück teilgenommen hatte. Der

Fleischwurst war er sehr zugetan gewesen und anschließend hatte er noch ein Nickerchen auf dem Sofa gemacht.

Das Tier war absolut in die Intention seines Menschen gegangen und hatte mir seine Alleingänge gezeigt, auch wenn es nicht die jetzige Situation war. Es wurde ja von ihm erwartet und nach seiner Ansicht gewünscht.

Dieses Übernehmen von Emotionen und Erwartungshaltungen kann dann häufig auch von einer Tierkommunikatorin nicht mehr in echt oder unecht sortiert werden, weil es für das Tier zur Wahrheit wird.

Stationierung!

Wenn Sie Ihren Hund aus den Augen verloren haben an einem unbekannten oder entfernten Platz, von dem aus er nicht alleine nach Hause finden kann, müssten Sie bitte sofort noch ein Angebot vor Ort erstellen.

Ich weiß, dass man natürlich so lange wie möglich wartet, aber irgendwann müssen Sie den Ort auch verlassen.

Hinterlassen Sie bitte Ihren Geruch, eine Decke aus dem Auto oder sonstiges Vertrautes, und bringen Sie baldmöglichst ein Körbchen und Futter an diesen Ort. Je nach Jahreszeit sollten Sie natürlich eine große Transportkiste aufstellen und alles ins Trockene bringen. Sehr viele Hunde kehren an den Ort wieder zurück und oft habe ich schon erlebt, dass sie am nächsten Tag dann auf dem Parkplatz saßen und darauf gewartet haben, wieder abgeholt zu werden.

Bitte auch Futter anbieten. Über das Einrichten einer Futterstelle spreche ich später noch!

6.
Benachrichtigungen

Natürlich unterscheidet sich stark von Spezies zu Spezies und Situation zu Situation, was als nächster Schritt zu tun ist.

Bei Pferd oder Hund werde ich gewiss schneller die örtliche Polizei informieren als bei einem Kanarienvogel.

Daher werde ich erst mal die ganz real zu erledigenden Dinge aufzählen und erklären, ohne Anspruch darauf, was wann zu tun ist, um dann anschließend mit Ihnen gemeinsam loszulaufen!

Bestimmt wissen Sie davon ohnehin schon vieles, aber der Vollständigkeit halber gehört es auch zu meinem Beruf, dass ich nie davon ausgehen darf, dass jemand anderes, der nicht täglich damit zu tun hat, alles weiß, was mir eine Selbstverständlichkeit ist. Deswegen verzeihen Sie, falls ich Sie ein wenig langweile, und überblättern Sie gegebenenfalls (oder lassen Sie sich überraschen, was Sie vielleicht auch noch nicht gewusst haben)!

►Registrierung

Ist eines der wichtigsten Dinge, die ganz am Anfang stehen sollten. Idealerweise ist Ihr Tier gechippt oder tätowiert und auch bereits registriert! **Bitte lassen Sie, sofern noch nicht geschehen, sofort Ihr Tier registrieren oder prüfen Sie auf jeden Fall nochmals, ob die Registrierung anzeigt und alle Daten richtig sind.**

Vor allem, wenn Sie gerade umgezogen sind und deshalb Ihr Tier nicht mehr nach Hause findet, prüfen Sie bitte dringend, dass Ihre Kontaktdaten und vor allem Telefonnummern richtig angegeben sind.

Das geht ganz einfach im Internet, aber auch Hotlines sind verfügbar. Dabei können Sie Ihr Tier gleich vermisst melden.

Die bekanntesten Register sind für Deutschland:

- Tasso – Haustierzentralregister für die Bundesrepublik Deutschland e. V., 65795 Hattersheim

oder

- Findefix, das Haustierregister des Deutschen Tierschutzbundes e. V.

Beide Register sind miteinander vernetzt. Es ist also ausreichend, sein Tier bei einem von beiden eintragen zu lassen.

Für Vögel bzw. die Registrierung ihrer Ringnummern gibt es leider verschiedene Anlaufstellen, aber auch da hilft Ihnen Tasso gerne weiter!

Viele gehen leider davon aus, dass das Tier bereits angemeldet ist, weil es einen Chip oder eine Tätowierung trägt. Das ist aber häufig nicht der Fall!

Sie übernehmen vielleicht ein Tier aus dem Tierschutz, das bereits eine Kennzeichnung unter seinem Fell trägt, weil es aus dem Ausland kommt oder der Verein generell die Tiere damit ausstattet. Oder Ihr Tierarzt hat bereits auf Ihr Bitten einen Chip eingesetzt.

Die endgültige Registrierung muss trotzdem immer von den neuen Familien vorgenommen werden, das übernimmt weder Tierheim noch Tierarzt!

Ich bekam auch schon den Einwand, dass das nicht nötig sei, da man einen Rassehund habe, der beim Zuchtverband eintragen sei. Ganz abgesehen davon, dass man nicht jedem Finder Kenntnisse über verschiedene Rassen zumuten kann, wird auch dort der Chip nicht „offiziell“ registriert!

Die Eile ist dringend geboten. Es kann durchaus sein, dass z. B. Ihr Hund oder auch Ihre Katze binnen kürzester Zeit von lieben Tiermenschen eingefangen und einem Tierarzt oder Tierheim vorgestellt wird, um Sie zu finden.

Nachdem die Nummer des Chips oder auch die Tätowierung festgestellt wurde, braucht man sie heutzutage nur noch auf der Seite eines Registers einzutippen oder, etwas altmodischer, anzurufen und erfährt, ob das Tier erfasst ist. Das Büro von Tasso oder dem deutschen Haustierregister kümmert sich dann – ohne Datenpreisgabe – darum, dass Finder und Familie zusammengeführt werden.

Zeigt der Chip jedoch keine Registrierung an, wird der Finder oder das Tierheim kaum zwei Stunden, zwei Tage oder noch später immer wieder nachfragen und diese einmalige Chance ist vergeben! Meist sind die Finder auch aufgeregt und vergessen, sich von den Leuten, die das Lesegerät haben, die Nummer notieren zu lassen, um es später nochmals selbst probieren zu können.

Deswegen ist es so wichtig, dass dort sofort ein Ergebnis zu sehen ist! Das kann so manchen Kummer ersparen – Ihnen, Ihrem Schatz und natürlich auch den Rettern!

Umgekehrt können wir uns auch für uns gleich merken: Sollten Sie einmal ein Tier finden oder sollte Ihnen eins zulaufen, das gechippt/tätowiert ist, aber nicht registriert, schreiben Sie bitte die Chipnummer auf und probieren Sie es ein paar Tage später nochmals (Sie können die Nummer im Internet z. B. bei Tasso eingeben und erfahren, ob der Hund registriert ist). Vielleicht vergisst der Mensch zum Tier in seinem Stress und Kummer, sofort Tasso zu unterrichten bzw. zu prüfen, ob der Chip auch wirklich eingetragen und aufrufbar ist!

▶ Facebook, Instagram und Co.

Das Internet ist heute eine verbreitete Methode, um Informationen auszutauschen. Es gibt viele Seiten, sowohl regional begrenzt wie auch für ganz Deutschland – und natürlich auch andere Länder –, für vermisste und gefundene Tiere, ebenso existiert eine Seite für Totfunde.

Hier können Tiere, die weder gechippt noch tätowiert sind, nochmals eine Chance bekommen, von ihrem Menschen wiedererkannt zu werden.

Aber bitte bringen Sie sich auch aktiv mit Suchanzeigen ein!

► Suchplakate verteilen

Die oben genannten Register haben Hilfestellungen zum Erstellen der Plakate auf ihren Homepages und verteilen diese auch an umliegende Tierärzte und Tierheime. Nachdem diese Abläufe sich bestimmt immer wieder ändern, lesen Sie das bitte dort selbst nach!

Sofern Sie keine zugesandt bekommen, erstellen Sie sich bitte selbst Suchplakate. Auf diese Unterstützung bei einer Suche können wir auch heute nicht verzichten.

So schön es ist, dass bei Tieren durch Kennzeichnungen heute schnell zu identifizieren ist, wo sie hingehören, nützt uns das leider gar nichts, wenn das Tier nur auf Ferne gesehen wird, sich eventuell nicht anfassen oder gar transportieren lässt. Auch gibt es natürlich „Nichttiermenschen", die überhaupt nicht wissen, dass viele Tiere ihren Ausweis unter der Haut tragen können.

Achten Sie darauf, dass auf dem Suchplakat außer dem Foto auch deutliche Erkennungskennzeichen genannt sind. Vermerken Sie, wenn das Tier eventuell scheu ist, dass man bitte nicht versuchen solle, es einzufangen, sondern sofort Sie benachrichtigen solle, und geben Sie eine Handynummer an, wo Sie immer erreichbar sind.

Vor einiger Zeit konnte ich selbst dank eines Flyers einem Hundchen die Zusammenführung mit seinem Menschen ermöglichen:

Aufgrund eines gesperrten Autobahnabschnittes musste ich sehr spät sonntagabends auf der Retourfahrt von einem Seminar der Umleitung quer durch Wiesbaden folgen. Auf einer großen vierspurigen Ausfallstraße leuchteten plötzlich bei vor mir fahrenden Autos ohne ersichtlichen Grund die Bremsleuchten auf. Alle schlugen einen Haken und fuhren weiter. Und wem lief der kleine Hund mit wehender Fahne, sorry, natürlich Leine, vor das Auto? Natürlich mir! Das weiße Minitierchen lief immer den Asphalt lang wie um sein Leben. Also bremste ich alle aus und beschützte ihn von hinten, wenn ein Einsammeln schon unmöglich war. Nach ca. 1 km bog er rechts ab. Ich fuhr rechts in eine Bushaltestelle und sah, dass dort wohl eine Grünanlage war – unbeleuchtet und nichts zu erkennen. Weder Tierschutzverein war zu erreichen, noch konnte die Polizeiwache das Tier zuordnen. Also hielt ich Ausschau nach Menschen mit Hund, die unterwegs waren. Ich steuerte ein junges Paar an, das mit seinem Husky lief, und sie konnten mir direkt sagen, dass Plakate für einen vermissten Chihuahua aushängen würden. Die junge Frau ging mit mir freundlicherweise den Weg zum nächsten Aushang.

Direkt angerufen, die Besitzerin wohnte auch in direkter Nähe zu dem Park. Lief im Sauseschritt los, Richtung Park, Hundchen hatte seine Heimatrichtung wohl schon im Auge und kam direkt aus dem Gebüsch, beide freudestrahlend wieder vereint. Ohne die ausdauernden Plakatklebekünste dieser Dame wäre keine Chance gewesen, diesen Schatz zuzuordnen!

Je nach Situation bringen Sie die Plakate in Ihrer Umgebung an und werfen sie bei Nachbarn ein. Eventuell nützen Aushänge in Regionen, wo das Tier entlaufen ist und Sie bereits Sichtungsmeldungen haben.

Gute Positionen sind häufig an Gassigehwegen. Fragen Sie in dem Ort danach, wo die Hundeleute entlanglaufen!

Aber auch an hohen Frequenzpunkten, wie Supermärkten, Tankstellen und, sofern noch vorhanden, dörflichen Tante-Emma-Lädchen sollten Sie Ihre Plakate platzieren.

Denken Sie an Polizei, Tierärzte, Tierheilpraktiker, Tierheime, aber auch an private Pflegestellen. In vielen Orten und auch Städten gibt es „Katzenmenschen", die für heimatlose Katzen regelmäßige Futterplätze einrichten. Das spricht sich bei hungrigen Tieren schnell herum und auch schon so einige Wohnungskatzen und manches Hundchen haben sich damit eingefunden!

Haben Sie Reiterhöfe in der Nähe, sind diese ebenfalls eine Anfahrt wert. Gerade bei Katzen, die ja häufig gerne irgendwo im Außenbereich sind, oder scheuen Hunden, die sich teilweise in den schwer zugänglichen Wald zurückziehen, ist ein tierlieber Mensch mit Blick „vom hohen Rosse" sehr hilfreich. Viele Reiter sind sehr kooperativ und reiten gerne noch Extratouren, um ein größeres Gebiet zu prüfen. Dann sollten Sie kleinere Kontaktdaten zur Hand haben, ca. in der Größe einer Visitenkarte. Schließlich wird sich keiner beim Reiten ein größeres Plakat in die Tasche stecken, um Sie direkt anzurufen, wenn er Ihr Hundchen sieht.

Der einzige Nachteil unseres Plakatierens ist, dass Sie manchmal gute Nerven benötigen, wenn der zehnte Anruf für eine schwarze Katze kommt und sich herausstellt, dass es doch wieder nicht Ihre ist.

Oder was in seltenen Fällen auch immer wieder vorkommt, dass Sie aufgefordert werden, Geld irgendwohin zu senden, damit Sie Ihr angeblich gefundenes Tier wiederbekommen.

Also Nerven behalten und nicht auf mysteriöse Spaßvögel oder Betrüger hereinfallen!

► Straßenämter

Auch das gehört auf die „To-do-Liste".

Leider muss man manchmal auch damit rechnen, dass das Tier nicht nach Hause kommt, weil es im Straßenverkehr verunfallt ist. Daher ist es sehr sinnvoll, vorsichtshalber auch bei dem zuständigen Straßenamt Bescheid zu geben, dass Ihr Tier vermisst wird.

Was die meisten nicht wissen: Sie müssen sich an bis zu drei Ämter wenden! Denn die Kontrolle und Pflege der Straßen unterliegen verschiedenen Behörden:

Für die ganz normalen Sträßchen – also regional – in Ort und Stadt ist das Bauamt der Gemeinde oder Stadt zuständig.

Für Bundes- und Landstraßen, also überregional – auch wenn sie durch einen Ort und eine Stadt führen –, ist das Straßenbauamt zuständig!

Und als Letztes, sollten Sie zudem auch noch eine Autobahn in der Nähe haben, müssten Sie dafür noch Kontakt mit der Autobahnmeisterei aufnehmen.

Meist sind eine Zusammenarbeit und gegenseitiges Benachrichtigen dieser Ämter nicht üblich.

Zudem haben nicht alle ein Lesegerät für das Auslesen eines Chips.

7.
Hilfsmittel

Natürlich fühlen sich Menschen besser, wenn sie aktiv sind. „Etwas" tun zu können, hilft uns, aus der gefühlten Hilflosigkeit auszubrechen, lässt uns wieder zentrierter und zuversichtlicher werden und somit auch unterstützender für das Tier.

Das kann nicht nur herumlaufen und suchen sein. Manchmal ist das sogar kontraproduktiv!

► Spuren legen

Beispiel: ein im Wald entlaufener Hund

Wenn Sie kreuz und quer laufen und suchen, weiß der Hund nicht mehr, welcher Spur er nachlaufen kann. Lieber das T-Shirt opfern, hinter sich herziehen und zurück zum Standort des Autos gehen, wenn Sie irgendwo anders Gassi gegangen sind.

Was tun, wenn der Hund nicht direkt kommt? Stellen Sie dort ein Körbchen oder eine Box auf und legen Sie seine Decke oder eben Ihr T-Shirt hinein. Viele Hunde kommen irgendwann zum Ausgangspunkt zurück.

Ebenso hilfreich ist es bei neu zur Familie gekommenen Hunden oder bei Umzug, mit Leberwurstwasser Spuren zum Haus zu ziehen, oder bei Katzen auch Baldrian oder benutzte Katzenstreu. Das kann man auch vor die Haustür oder den Garteneingang streuen, damit das Tier den richtigen Eingang wiederfindet.

Bitte laufen Sie für Spuren nicht kreuz und quer, sondern vom Haus z. B. 100 Meter weg in die erste Richtung und auf dem Rückweg zum Haus die Spur ausbringen, dann dasselbe in die nächste Richtung wiederholen und so weiter. Dann führen die Spuren wie ein Stern immer zum richtigen Eingang, egal von woher das Tier darauf stößt!

▶ Futterstellen

In der Regel gilt: Wenn ein Hund/eine Katze in Sichtung kommt und angefüttert werden kann, muss die Futterstelle reichlich sein, damit das Tier satt wird und keinen Grund mehr hat, anderweitig auf Suche zu gehen.

Bei Unsicherheit, ob auch das richtige Tier gefüttert wird, gibt es heutzutage die Möglichkeit, die Futterstelle mit Wildtierkameras zu überwachen. Das wäre wirklich sehr sinnvoll und Sie haben schnell Gewissheit, ob sich Ihr Tier einfindet!

Im Notfall können Sie aber auch erst einmal Sand besorgen und um das Futter herum ausstreuen. An den Pfotenabdrücken können Sie ersehen, ob es die richtige Spezies ist und es von der Größe her Ihr Tier sein kann.

Häppchenweise anbieten und dafür natürlich häufiger würde man dagegen, wenn das Tier zuverlässig bleibt, eigentlich ganz nach Hause kommen möchte, aber sich noch nicht so richtig traut. So können Sie es ermutigen, immer wieder in einen neuen Versuch zu gehen.

Ausnahmen wie vorher beschrieben mit der ausgebüxten Wohnungskatze gehören hierzu.

Es kann aber auch ab und an gute Gründe geben, auf eine Futterstelle zu verzichten.

Ich hatte schon einen verlorenen kleinen Welpen, den wir in einem nahen Gestrüpp mit anschließender Scheune fanden. Er wollte zwar, aber schaffte es im Endeffekt dann immer wieder, sich in einer Ecke festzusetzen. Es fehlte der berühmte Zentimeter und es blieb keine Wahl, als ihn über Nacht allein zu lassen. Das Problem: In dem ländlichen Gebiet waren viele Füchse und Marder. Futter hätte sie nur unnötig auf den schutzlosen Burschen aufmerksam gemacht. Am nächsten Tag war er dann so ausgehungert, dass ihn der Geruch nach vorne lockte und der Rückweg ins Gebüsch abgeschnitten werden konnte.

Also bitte bei kleinen Tieren auch daran denken, dass Futter Füchse, Marder oder Waschbären anlocken kann, die dem Tier gefährlich werden könnten.

►Lebendfallen

Für scheue Katzen kann man oft bei Tierschutzvereinen Lebendfallen ausleihen oder um Hilfe bitten.

Bitte achten Sie darauf, dass eine bestückte Lebendfalle unter Aufsicht sein muss bzw. engmaschig kontrolliert werden sollte, damit sich ein panisches Tier nicht verletzt.

Große Fallen für Hunde sollten immer unter Mitwirkung eines Fachmanns aufgestellt werden!

Volieren/Käfige bei entflogenen Vögeln:

Hier kann es sinnvoll sein, den Käfig des Vogels einsatzbereit im Auto zu haben.

Bei Sichtung heißt es sofort losgehen und den Käfig in Sichtweite aufstellen. Das ist gerade bei nicht handzahmen Vögeln eine Chance, dass das Tier den Käfig als sichere Versorgungsquelle und Schlafstätte erkennt und hineinfliegt.

So konnte ich schon zwei Papageien wieder nach Hause bringen.

►Petfinder

In manchen Fällen kann es auch ratsam sein, darüber nachzudenken, ob man eventuell einen „Petfinder“ benötigt. Das sind Hunde, die darauf trainiert sind, anstatt nach Menschen nach Hunden, in einigen wenigen Fällen aber auch nach Katzen, zu suchen.

Für den Einsatz eines solchen tierischen Detektivs ist es wichtig, eine Duftnote Ihres Tieres zu haben. Also nehmen Sie etwas Persönliches Ihres Tieres, z. B. die Decke oder das Lieblingsspielzeug, und packen Sie es möglichst fest verschlossen in eine Plastiktüte. Somit bleibt der Geruch Ihres Tieres länger konserviert und kann bei Erfordernis eines Suchhundes als Geruchsträger dienen, damit dieser die Spur aufnehmen kann.

Das könnte durchaus überlebenswichtig für Ihr Tier sein, z. B., wenn ein Hund mit Leine entlaufen ist und irgendwo festhängen könnte!

Kleiner Tipp am Rande:

Wenn Sie ein oder sogar mehrere Haustiere haben, ist es eine gute Vorsorge, von jedem Ihrer Tierfreunde ein paar Haare zu nehmen, solange alle wohlbehalten und -behütet zu Hause sind, und diese Haare beschriftet jeweils in einem Glas aufzubewahren. Gerade bei mehreren Tieren im Haushalt ist es im Falle des Verschwindens eines Tiergefährten schwierig, einen Gegenstand zu finden, der ausschließlich Geruchsträger des einen Tieres ist!

Ein Netzwerk für diese tierischen Spezialisten gibt es meines Wissens nicht, das heißt, Sie müssten im Internet recherchieren, wo bzw. ob ein Petfinder in Ihrer Nähe ist.

Nur als ein mögliches Beispiel mag ich hier das K9-Suchhundezentrum anführen, die weit gefächert in Deutschland und Österreich ausgebildete Hundeführer und Hunde vermitteln können.

Ihr zuständiges Tierheim kann ebenfalls eine Hilfe sein, um eventuell in Ihrer Nähe einen ausgebildeten Suchhund zu finden.

Wenn es auch eine meiner Aufgaben ist, alle in die Suche Involvierten zu einem ruhigen, effektiven – und damit auch dem Tier Vertrauen einflößenden – Handeln zu bewegen, gibt es doch immer wieder Situationen, in denen die Zeit sehr drängt.

Wie bei Kayne, einem wunderschönen weißen Schäferhund – oder: Zwei in den Wald, nur einer kam zurück.

So erging es einer Dame, als ihre beiden Schäferhunde ihr im Regen die glitschige Leine aus der Hand rissen und einem Reh folgten. Die Hündin kam innerhalb kürzester Zeit zu ihrem Menschen zurück, der Rüde blieb aber auch nach langer Wartezeit verschwunden, was eigentlich gar nicht seine Art war. Vier Tage Suche waren bereits erfolglos geblieben und so wurde ich konsultiert. Ich hatte sofort das Gefühl, dass der Hund festhing. Und das im Hochsommer bei extremen Temperaturen von über 30

Grad. Das Hundchen konnte mir einige Merkmale, wie z. B. den Belag des Waldweges, den er überquert hatte, beschreiben, ansonsten nur, dass daneben Büsche seien, in denen er nicht mehr weiterkomme.

Aufgrund der Wärme der vergangenen Tage und der Tatsache, dass der Hund noch die Leine anhatte, bat ich sofort, einen Petfinder mit einzuschalten. Der unterstützende Hund konnte zum Glück sehr schnell kommen und die Spur über eine lange Distanz verfolgen. Nachdem die Suche an einer für Menschen nicht überwindbaren Schlucht angekommen war und der Hund müde war, wurde vereinbart, am anderen Tag auf der gegenüberliegenden Seite die Suche wieder neu aufzunehmen.

Meiner Kundin ließ es aber keine Ruhe, sodass sie am gleichen Abend noch mit dem Auto auf die andere Seite fuhr. Dort fand sich auch ein Weg, der genauso aussah wie von mir beschrieben.

Mühsam schlug sie sich durch das Dickicht neben dem Weg und stolperte nach kurzer Zeit fast über ihren Hund, der im Gebüsch festhing.

Anstatt sich jedoch zu freuen, verbellte der Hund sein Frauchen sehr böse und sie musste sich mit viel Geduld in Entfernung niederlassen und warten, bis er sie als „ungefährlich" einstufte und sich so weit beruhigen konnte, dass er sie erkannte.

Anhand dieser Begebenheit können wir auch wieder sehen, dass es nicht unbedingt selbstverständlich ist, dass sich ein Tier bemerkbar macht, wenn wir nach ihm suchen.

Was mir hier auch besonders wertvoll ist, gelernt zu haben, dass Tiere, deren Leben bereits in einer bedrohlichen Lage ist, durchaus auch den eigenen Menschen angreifen könnten.

Der arme Kayne war so erschöpft und im Endeffekt schon ein wenig „weggetreten", dass er in der Annäherung eines Menschen zunächst keine Hilfe, sondern eine neue Bedrohung für sein Leben sah. Hätte sein Mensch unbesonnener agiert, wäre ein Verteidigungsverhalten durch den Hund mit Verletzung seines Frauchens nicht ausgeschlossen gewesen!

Seitdem lege ich immer großen Wert darauf, meine Kunden darauf aufmerksam zu machen, dass die Annäherung an ein Tier, das sich bereits länger in einer misslichen Situation befindet, immer mit Ruhe und Vorsicht erfolgen muss, bis wirklich ein Erkennen gegeben ist.

In diesem Fall hat der helfende Hund durch seine klare Richtungsanzeige einen großartigen Beitrag zum Auffinden geleistet. Natürlich wäre am nächsten Tag der Fährte weiter nachgegangen worden, was aber ja zum Glück nicht mehr nötig war.

Keinen Sinn machen Petfinder bei sehr ängstlichen und bei lauffreudigen Hunden, die vielleicht auch noch mit anderen Hunden Probleme haben. Dann würde der Helferhund das vermisste Tier nur vor sich hertreiben und verscheuchen.

Ein Petfinder ist also eher für Tiere geeignet, die eventuell verletzt irgendwo liegen könnten oder wie im vorher beschriebenen Fall mit Leine entlaufen sind und bei denen die Gefahr besteht, dass sie irgendwo festhängen.

Leider muss ich aber sagen, dass das nicht immer einfach zu entscheiden ist. Gerade ängstliche Hunde in Kombination mit „anderen Hunden nicht vertrauen“ (bei denen ich die Suche mit dem Petfinder nicht empfehle) werden oft mit Flexileinen oder Schleppleinen ausgestattet, erschrecken sich und treten mitsamt Ausrüstung die Flucht an. Wenn dann die Möglichkeit eines Festhängens besteht, muss nach Abwägung der Größe und Beschaffenheit des infrage kommenden Gebietes, der Temperaturen und verstrichener Zeit trotzdem ein Suchhund ran.

Bei Welpen und eventuell schwerer verletzten angefahrenen Tieren, für die auch keine Sichtungen vorliegen, würde ich ebenfalls direkt einen Petfinder empfehlen. Oft kann ich diese Tiere unterstützen und emotional einigermaßen stabil halten, aber sie sind in einer solch bedrohlichen Ausnahmesituation, dass sie keine klaren Örtlichkeiten angeben können. Ein verletztes Tier wird sich auch verstecken. Der logische Sinn darin ist, dass es nicht gefunden werden will. Nicht alle können in solchen Momenten soweit klar denken, dass ihr eigener Mensch ihnen immer helfen wird. Gerade in Notsituationen tritt oft der natürliche Instinkt wieder zutage, der das Tier dazu bringt, sich vor jedem und allem zu verstecken, um nicht vom Feind gefunden zu werden.

Wichtig ist der zeitnahe Einsatz eines Petfinders. Als Faustregel gilt: Die Spur ist ca. 100 Stunden verfolgbar; das verändert sich allerdings je nach Wetterlage und die Zeitspanne kann kürzer oder auch länger sein.

8.
Eine Tierkommunikatorin wird zu Hilfe gerufen!

Langsam gehen Ihnen die Ideen aus, was Sie noch tun könnten, und Hilfe von außen ist nötig.

Optimalerweise kennen Sie bereits eine/-n Tierkommunikator/-in Ihres Vertrauens. Deswegen empfehle ich gerne, auch wenn keine wirklichen Probleme in der Tierfamilie existieren, eventuell für ein besseres Verständnis von Wünschen oder Abläufen, aber auch bei kleineren Malheurchen, mit einer Tierkommunikatorin zusammenzuarbeiten. Es ist wie beim Tierarzt: Bei großen Problemen ist man auch glücklich, wenn der „eigene" Tierarzt, dem man vertraut, als Erstes das Familienmitglied untersucht!

Wenn Sie noch nicht mit einer Tierkommunikatorin zusammengearbeitet haben, mag ich Ihnen empfehlen, in den zahlreichen Angeboten ein Augenmerk darauf zu haben, dass eine Ausbildung angegeben ist, die aus mehr als dem Besuch eines Kurses bestehen sollte. Damit will ich nicht infrage stellen, dass es auch viele Naturbegabungen und Autodidakten gibt, die hervorragende Arbeit leisten. Jedoch haben Sie dann zumindest einen Anhaltspunkt, der Ihnen sagt, dass sich diese Tierkommunikatorin zum Erwerb des bestmöglichen Wissens und zur Ausformung der Sensitivität für eine geraume Zeit eingesetzt hat.

Hilfreich wäre ebenfalls, jemanden auszuwählen, der diese Tätigkeit schon etwas länger und eventuell sogar halbtags oder hauptberuflich ausübt. Denn je mehr man in dieser Arbeit macht, desto schneller verfeinert man natürlich auch seine Möglichkeiten – oder ist in kurzer Zeit auch wieder vom Markt weg, wenn es nicht reicht.

Achten Sie darauf, ob Sie die Energie von einer Website anspricht, die Website aktualisiert und realistisch erscheint oder schon etwas „angestaubt" und/oder arg „blumig" ist.

Wenn Sie dann dort für einen Termin anfragen, werden gerade häufig „die bereits länger Anerkannten“ nicht sofort alles liegen und stehen lassen können, um für Sie da zu sein, sich aber trotzdem bemühen, so schnell wie möglich Ihr Notfellchen mit einzubinden. Gute Tierkommunikatorinnen haben meist sehr viel Stammkundschaft, und auch wenn Ihre Nerven bereits kurz vor dem Zerreißen sind, versuchen Sie, noch ein wenig durchzuhalten! Qualität ist wichtiger!

Wessen Auftrag nehme ich als Tierkommunikatorin an?

Ich persönlich arbeite immer ausschließlich nur mit dem Menschen zum Tier bzw. dem „Weisungsbefugten“.

Bemühte Mütter, Nachbarn, Freundinnen, Gassigänger etc. meinen es natürlich gut und ich liebe diese Menschen, die nicht wegschauen, sondern helfen möchten!

Aber: Jeder, der ein Tier in Obhut hat, ist alleine entscheidungsberechtigt, wie er suchen möchte.

Zum einen kann das Verschwinden des Tieres mit Umständen aus dem Privatleben des Tiermenschen im Zusammenhang stehen. Gewiss ist nachvollziehbar, dass diese Informationen Außenstehenden aus Ethikgründen nicht zur Verfügung stehen dürfen. Zudem kann eine Auflösung der vom Tier empfundenen Situation ohnehin dann nur direkt mit dem dazugehörigen Menschen abgeklärt werden.

Nicht jeder möchte überhaupt etwas mit Tierkommunikation zu tun haben – auch das muss ich respektieren – und zum anderen wird damit auch vermieden, dass mehrere Tierkommunikatorinnen parallel arbeiten, ohne voneinander zu wissen.

Anrufe wie „Meine Freundin weiß, dass ich Sie anrufe, aber ist zu aufgewühlt, um mit Ihnen zu sprechen.“ haben mein Verständnis, aber wie ich oben schon versuchte, zu erklären, ist es auch Teil meiner Arbeit, den Menschen zum Tier zu beruhigen und ihn dadurch wieder in einen ruhigen Kontakt zu seinem Tier zu bringen. Das kann ich nicht über Dritte!

Die einzige Ausnahme, die ich hier mache, ist, wenn ein Angsthund oder eine Angstkatze lange Zeit in einer Tierschutzpflegestelle gelebt hat und direkt nach Übergabe bei den Adoptanten entwischt. Hier ist die Bindung zu der Pflegestelle inklusive eventuell noch dort lebender Tiere wesentlich höher als zu Menschen, die das Tier noch nicht kennt.

In dem Fall bitte ich, mit den Adoptanten, aber auch dem vermittelnden Tierschutzverein abzuklären, wer mit mir zusammenarbeitet. Außerdem ist erst einmal Klarheit zu schaffen, was dann weiter mit dem Tier passiert: Nimmt der Verein es zurück, kann es wieder auf die Pflegestelle oder soll es trotzdem wieder zu der neuen Familie zurück?

Ihr Auftrag

Die Anfragen, die ich erhalte, klingen im Endeffekt mit einigen Wortvarianten sehr ähnlich:

Ich vermisse meine Katze/meinen Hund, können Sie mir helfen?

Ohne es explizit zu benennen, wird klar vermittelt, dass die Erwartungshaltung darin besteht, dass ich das Tier in die Familie zurückbringe. Ich verstehe die Intention, ich gebe immer mein Bestes, aber genauso wenig, wie ein Arzt versprechen kann, dass er seinen Patienten geheilt entlässt, kann ich zusagen, ob das Tier wieder mit seinem Menschen zu vereinen ist.

Meist wird das Verständnis für Tierkommunikation in diesem Fall darauf reduziert, dass der Aufenthaltsort zu bestimmen ist.

Natürlich gestaltet sich unsere Zusammenarbeit, das gegenseitige Verständnis bzw. Ihre Zufriedenheit mit mir, am einfachsten, wenn ich den Menschen direkte Anweisungen für eine Suche und möglichst das Finden geben kann. Das ist aber nur ein kleiner Ausschnitt der Möglichkeiten.

Jede Tierkommunikation, unabhängig davon, aus welchem Spezialfall oder Anliegen heraus, beruht immer auf dem Grundprinzip, Mensch und Tier den Weg in eine positive Richtung zu einem harmonischeren Miteinander zu ermöglichen.

Kein Menschenarzt kann eine Erkältung auskurieren, wenn sein Patient weiter im Nassen und Kalten ohne ausreichende Bekleidung steht.

Um ein Tier nach Hause zu bringen, ist es deswegen als zunächst einmal wichtig, zu verstehen, ob es eventuell einen Grund für seine Abwesenheit gibt!

Wir fangen also an, die Position oder die Auffassung des Tieres von der Situation zu verstehen.

Das kann relevant sein, aber natürlich gibt es auch ganz normale Ungeschicke und Probleme, die mit dem Tier und dem Umfeld zu tun haben, ohne die eigene Familie zu tangieren und Veränderungen im Hausbereich vornehmen zu müssen.

9.
Geht es meinem Tier gut?

Gemeint ist eigentlich: Lebt das Tier noch, ist es unversehrt oder verletzt?

Überwiegend kann ich eine klare Tendenz zum Ausdruck bringen. Häufig springt mich förmlich an: Ich habe Spaß und bin auf Ausflug. Ich bin überfordert, habe Angst, Schmerz oder einfach nur sauer oder motzig.

Jedoch ist eine klare Aussage, ob das Tier eventuell verstorben ist, weitaus schwieriger.

Es kann verstorben sein und trotzdem zeigen, dass es ihm gut geht. Jedes Tier ist Seele und auch wenn das für uns Menschen etwas komisch klingt, realisieren manche Tiere nicht, dass ihnen etwas Schlimmes passiert ist und der Körper seinen Dienst nicht mehr tut. Dabei zeigen sie, dass es ihnen gut geht und sie Spaß haben.

Andere wiederum fühlen sich so schlecht, als ob sie gestorben wären, und sind dabei körperlich absolut unversehrt.

Wir können nur Tendenzen weitergeben, ob die Wahrscheinlichkeit größer ist, dass ein Tier noch körperlich oder aber verstorben ist.

Als Pauschale kann ich hier nur sagen, dass es mich zunächst immer etwas beruhigt, wenn das Tier mich Emotionen wie trotzig, sauer, ungehalten wissen lässt oder dass es ihm irgendwo wehtut, es hungrig oder durstig ist. Das klingt zwar nicht schön, aber sehr irdisch und wir haben noch eine Chance.

Absolutes Warnzeichen ist bei mir, wenn die Bilder „postkartenkitschig“ sind oder sich die Unterhaltung wie „Wattewölkchen“ anfühlt. Häufig sind diese Tiere nicht mehr körperlich.

Manche können sehr klar sein. Erst vor kurzem durfte ich mit einem kleinen Katzenmädchen kommunizieren, das mir gleich sagte: Ich kann nicht mehr nach Hause kommen.

Aber sie beschrieb mir ihren Lieblingsaussichtsplatz im Garten, dort würde sie wieder (geistig) sitzen und weiter bei ihrer Familie leben.

Den realen Körper der Kleinen konnten wir leider nicht mehr finden.

Ein Katerchen erzählte mir gleich, dass er am Bach sei und Ärger mit den „roten Hunden" (Füchsen) hatte. Er wisse nur, dass er nicht mehr wirklich sei, aber am Bach würde es ihm gut gefallen und da bleibe er. Wie sich herausstellte, wohnte die Familie in Einzellage im Wald mit einem kleinen Bach in 50 Meter Entfernung, an dem sie häufig schon junge und ausgewachsene Füchse gesehen hatten.

Andere wissen nichts mit dem anderen Gefühl anzufangen:

Auf der Suche nach einem kleinen roten Katzenmädchen zeigte sie sofort ein Bild von einem Scheuneninneren, lichtdurchflutet, die Sonnenstrahlen fanden den Weg durch die Holzlatten und sie saß auf einem Strohballen und putzte sich das wunderschöne Fell. Das Bild war so leuchtend wie eine Fotografie, kitschig schön. Sie war verärgert über die Kater der Familie, die sie geärgert hatten. Etwas später beschwerte sie sich bei mir, dass ihr Fell immer noch schmutzig sei. Sie wurde überfahren neben der Straße gefunden.

Ein älteres Hundemädchen sollte ich suchen und ich bekam sofort das Gefühl von einer großen Teerschlange mit vielen Spuren und vielen Autos (Autobahn) und dass sie auf der falschen Seite sei, nach Hause schaue und nach Hause wolle. Das Ganze wirkte wie mit Weichzeichner überdeckt, total statisch und sonst keinerlei Eindrücke. Kein Hund bleibt drei Wochen lang stehen und schaut. Das Bild war also äußerst unrealistisch. Sie wurde später von der Autobahnmeisterei auf dem Mittelstreifen unter der Leitplanke gefunden und war wohl schon sehr lange verstorben. Der Unfall muss unmittelbar nach dem Ausbüxen passiert sein.

Manchmal sind es aber auch die kurzen Geschichten, die mir ein ungutes Gefühl geben:

z. B. ein Kater, der mir einen kurzen Schlag zeigte und danach gähnende, schwebende Leere.

Solche Kurzgeschichten mit „kurzem Einfluss unbekannter Art“ musste ich leider schon öfters erleben und häufiger hat sich herausgestellt, dass die Tiere geschossen wurden.

Aber auch bei überfahrenen Tieren – wie sich später herausgestellt hat – hatte ich dieses Gefühl schon öfters. Die Tiere haben einfach nicht realisiert, dass sie einem Auto in den Weg geraten sind.

Ich hoffe, die Menschen können hieraus wenigstens den Trost ziehen, dass ihre Tiere nicht gelitten haben.

Ich kann es leider nicht anders beschreiben als mit Beispielen. Denn ein klarer Schlag mit anschließendem Schmerz oder Fluchtgefühlen gibt klar einen Hinweis auf Leben, auch wenn vielleicht schwerer verletzt. „Nur“ ein Schlag und danach „plüschig-schwarz“ ohne Schmerzempfinden ist meist eher ein Hinweis darauf, dass das Tier die Ursache des Ablebens nicht mehr erkennen konnte und sofort verstorben ist, die Seele aber noch nicht verstehen kann, dass der Körper nicht mehr zu bewegen ist.

Schock

Unter „großes, dickes Lehrstück“ würde ich folgenden Fall einstufen, der mir in den Anfängen meiner Arbeit passierte und den ich nie vergessen werde:

Ein Kater zeigte mir direkt: Straße, Auto, kein Gefühl mehr, ganz schlimm!

Vorsichtig bemühte ich mich, den Menschen nahezubringen, dass der Kater eventuell im Straßenverkehr zumindest zu Schaden gekommen sein könnte.

Kurz darauf bekam ich den äußerst ungehaltenen Anruf, dass das Tier wohlbehalten zu Hause sei und körperlich komplett gesund.

Es folgte eine Auslassung darüber, was für ein Humbug doch Telepathie wäre. Sie hätten schließlich noch eine andere Kollegin beauftragt und die hätte ihnen gar gesagt, dass der Kater überfahren wurde und tot sei.

Ich weiß, was passiert ist: Das Tier konnte sich wohl im letzten Moment noch in Sicherheit bringen, fühlte sich aber so betroffen „wie überfahren“ und nicht mehr vollständig. Das Tier war schlichtweg im Schock.

Froh war ich, dass ich mich wenigstens vorsichtiger ausgedrückt hatte, aber im Grunde war ich wie die Kollegin davon überzeugt gewesen, dass das Tier überfahren worden war.

Gelernt habe ich daraus, meine Worte mit äußerster Vorsicht zu wählen und möglichst dem Kunden immer zu erklären, dass ich ein Tier nicht „totsprechen" kann, sondern mehrere Möglichkeiten bestehen.

Hier kann man aber so bedacht sein, wie man will, der Kunde wird häufig in seiner emotionalen Panik das verstehen, was er befürchtet.

Ich hatte einmal ein Youngsterchen, das mir gleich zeigte, wie ein grooo-ßer Bus auf es zukam, und danach nichts mehr. Mit großer Vorsicht versuchte ich, zu transportieren, dass das Tier wahrscheinlich in Schock sei oder leider Schlimmeres.

Wenig später erhielt ich den Anruf, wie recht ich doch gehabt hätte, der Kater sei tot. Der Schulbusfahrer hatte das Tier begraben und nach seiner Schicht überall herumgefragt und so kam die Nachricht dann bei ihnen an.

Ich hatte nie gesagt, dass das Tier definitiv überfahren wurde und tot ist, aber meine vorsichtige Aussage, dass ein Ereignis mit einem großen Fahrzeug, eventuell einem Bus, im Zusammenhang mit dem Wegbleiben stünde, wurde verständlicherweise darauf reduziert.

Auch harmlosere Begebenheiten jeder Art können Tiere in einen schockähnlichen Zustand bringen (sei es der bellende Hund oder die umfallende Mülltonne). Am häufigsten erlebe ich es bei der Spezies Katzen, aber auch Hunde sind von dieser Reaktion ihres Körpers nicht weit weg.

In der liebsten Familienkatze steckt noch eine große Portion Natur und ein Auslöser kann das Tier dazu veranlassen, in Schock zu gehen, von einer auf die andere Minute komplett zu verwildern. Jedes Geräusch, jede Bewegung wird als feindlich wahrgenommen, das Tier versteckt sich und Energien werden eingestellt. Die Natur hat das gut eingerichtet, um verletzte, ängstliche Tiere vor dem Auffinden durch Feinde zu schützen.

Leider ist die natürliche Reaktion etwas kontraproduktiv bei unseren Haustigern, wenn sie ihre eigenen Menschen nicht mehr kennen und sich vor allem und jedem zurückziehen. Eine Katze zu finden, die nicht gefunden werden will, ist fast unmöglich. Öfters kommt dann auch bei mir das Gefühl „nicht existent“ an, obwohl die Schatzis putzmunter sind.

Gerade an diesen Tierchen kann man rufend vorbeilaufen, doch sie sind so „abgeschaltet“, dass sie den heißest geliebten Menschen nicht wahrnehmen oder ihn als Bedrohung einstufen.

Dieser Zustand kann sehr unterschiedlich für kurze oder auch sehr lange Zeit anhalten.

Die einzige gute Nachricht dabei ist, dass sie wunderbar als Katze (oder auch andere Spezies) funktionieren können und jagen und Wasser auftun.

Deswegen erwarten Sie bitte nicht, dass Ihre Katze unbedingt auf Sie zukommen muss!

Hier nochmals der Hinweis: Bitte nehmen Sie eine Taschenlampe mit, wenn Sie die Keller und Schuppen Ihrer Nachbarn absuchen oder im Außenbereich nachts unter die Büsche schauen! Selbst wenn Ihr Tier sich zurückzieht und sich vor Ihnen versteckt, können Sie das Aufleuchten der Augen im Strahl des Lichtes sehen!

Es gibt aber auch die sehr positiven Auflösungen!

Erst kürzlich sollte ich ein Kätzchen suchen, das bereits seit fünf Tagen entgegen jeder Gewohnheit verschollen war. Sie zeigte mir den Weg zum Wald und an dem Waldrand sei „etwas“ passiert, und dann endete die Geschichte. Ich hatte definitiv die schlimmsten Befürchtungen, erklärte dem Kunden aber auch, dass die Möglichkeit bestehe, dass das Tier sich in einem Schock befinde.

Kurz darauf schrieb mich der Kunde an. Ziemlich verärgert, nicht so freundlich, dass ja wohl alles, was ich gesagt habe, absoluter Quatsch sei. Sie hätten das Tier in einer Scheune gefunden. Die Katze habe ein Kätzchen gefunden und sofort adoptiert und sei jetzt glückliche Mama.

Das ist zwar mehr als ungewöhnlich, aber auch hier hat das Tier auf „wild“ umgeschaltet, ist in der Mutterrolle aufgegangen und hat ihr Haustierleben hinter sich gelassen. Wahrscheinlich war sie vorher an den Waldrand gelaufen und wollte oder konnte den Rest der Geschichte nicht mitteilen.

Natürlich ist es nicht schön, wenn ein Kunde mit mir nicht zufrieden ist, aber eigentlich ist meine Aufgabe ja, das Tier mit dem Menschen wieder zu vereinen. Meine Kombination aus „ins Gewissen reden, sich doch zu bemühen“, Körperarbeit und Heilkreis konnte die beiden wieder vereinen, sodass sie sich „zufällig“ kurz nach dem Termin in einer Scheune begegnet sind.

Mehr dazu und was zu tun ist, erkläre ich in den Kapiteln „Körperarbeit“ und „Der schamanische Heilkreis“!

10.
Die auslösende Situation

Katzen

Den allergrößten Prozentsatz der Suche beansprucht bei den Katzen eindeutig die Youngstergeneration bis zu zwei Jahren!

Voller Tatendrang wird die Welt erkundet und dann nicht mehr nach Hause gefunden oder sich in irgendein Malheur begeben, aus dem man nicht mehr herauskommt. Meist kommt der erste Schwung derartiger Anfragen im März des Jahres, je nach Witterung auch etwas früher oder später, und ein zweiter im Juli/August. Interessant ist, dass es nahezu immer absolute Schübe sind, während derer mich täglich zwischen 10 und 20 Suchanfragen erreichen, sodass ich oft Spätschichten einlegen muss. Fast wie eine kollektive Absprache aller europäischen Katzen, möglichst viel Unfug zu machen! Im Herbst verteilt es sich dann wieder mehr.

Die abgängigen Youngster werden sehr dicht gefolgt von Katzen, die bei Wohnungswechseln abhandenkommen, und dann mit einigem Abstand von Tieren, die ihre Transportkörbe so lange bearbeitet haben, dass diese beim Verlassen der Tierarztpraxis den Geist aufgeben und die Flucht angetreten wird.

Hunde

Bei den Hunden führen die Liste unsere lauffreudigen Jägerleins an. Ob aus Spaß am Laufen oder wirklich ernst gemeint, ob auf Eigeninitiative oder als Arbeitshund dafür eingesetzt: Bei mir landen viele, die voller Elan in Wald und Wiese hineinliefen und nicht mehr herauskommen.

Leider ebenfalls sehr häufig: Tiere, die gerade in die Familie aufgenommen wurden und sich innerhalb der ersten ein bis zwei Tage losreißen und aus Angst vor irgendwelchen Geräuschen oder unbekannten Dingen fliehen. Besonders stark vertreten sind Hundeschatzis, die gerade von einem Transport aus dem Ausland kommen bzw. erst vor Kurzem in unserer Zivilisation angekommen sind.

In einigem Abstand folgen entweder gemeinsame Urlaubsreisen, bei denen sich das Tier am Urlaubsort erschreckt hat und seinen Menschen nicht mehr findet, oder Hunde, die in Betreuung gegeben wurden und von dort ausbüxen, um ihren Menschen wiederzufinden.

Es gibt aber noch viele andere individuelle Gründe. Wenn ich zum Erklären auch ganz spezielle Beispiele wähle, sind die oben beschriebenen doch die häufigeren Gründe mit vielen kleinen Abwandlungen und gar nicht so selten!

► Zu wenig des Guten

Erst vor zwei Tagen hatte ich ein kleines Katzenmädchen, das mir erzählte, es bräuchte immer wieder Auszeiten, weil es zu Hause arg trubelig sei. Ich fragte sie, was sie sich vorstelle, da sie auf mich doch selbst einen recht wachen und quirligen Eindruck mit viel Neugierde machte. Das Katzenfräulein wünschte sich, eingebunden zu sein und zuschauen zu können, was ihr Frauchen macht. Die Rückfrage bei ihrem Menschen ergab, dass zwei kleine Buben von drei und sieben Jahren in der Familie sind und natürlich immer im Umfeld der Mutti. Diese verstand nicht ganz, was ich wollte, da sie doch darauf achtet, dass die Kinder der Katze nicht wehtun und das Tier Rückzugsmöglichkeiten hat, die es auch nutzt. Der Punkt für das Katzenmädchen war jedoch, dass sie sich zurückzog, wenn es um ihr Frauchen zu laut oder zu stürmisch wurde. Dabei wäre sie aber doch so gerne einfach mit dabei und würde gerne zuschauen – aber ohne gleich wieder bespielt zu werden. Sie fühlte sich da eher immer wie das fünfte Rad am Wagen, wie man so schön sagt, und nicht wahrgenommen. Das frustrierte sie zunehmend und deshalb suchte sie sich im Außenbereich selbst etwas Spannendes, was sie manchmal dann weiter weg führte als von ihren Menschen gewünscht.

Solche Herausforderungen neben der Präsenz für den leiblichen Nachwuchs noch zu meistern, ist bestimmt nicht einfach und ich muss es der Dame überlassen, wie sie damit umgeht.

Mir blieb nichts anderes übrig, als dem Menschen die Sichtweise des Katzenmädchens zu erklären, verbunden mit der Bitte, zu überlegen, ob zumindest teilweise ein bewussteres Einbeziehen des Katzenfräuleins möglich sei und dass Ruheraum nicht immer bedeute, dass die Tiere ins Abseits wollen. Dem Kätzchen habe ich aber natürlich auch die Situation ihres Menschen erklärt und dass Menschenkinder nicht ganz so robust wie Katzenkinder sind und länger Aufsicht und Führung benötigen, bis sie selbstständig sind. Ich versicherte ihr, dass ihre Fröhlichkeit und das Spielen und Bekuschelnlassen von den Kindern sehr wertvolle Hilfen für ihren Menschen sind und das sehr geschätzt wird. Ich versuchte, ihr klarzumachen, dass sie nicht alles haben könne, was und wie sie es wolle, sondern auch ihren Beitrag zur Familie leisten dürfe, indem sie der Frau Kraft und Freude durch ihre Anwesenheit und Neugierde gebe. Außerdem bat ich sie, auch wenn sie sich mal eine Auszeit nehmen möchte, sich doch regelmäßig zumindest kurz sehen zu lassen, damit ihre Familie beruhigt sein könne, dass es ihr gut geht.

Eine Idee zu ihrem Aufenthaltsort bekam ich überhaupt nicht, ganz eigentlich nur den Eindruck, dass sie mir erstaunt zuhörte und begeistert war, dass ich wirklich ernsthaft mit ihr sprach, ohne etwas zu verlangen.

Dieser Fall war also zunächst nach der Erwartungshaltung des Menschen eine sehr unzureichende Kommunikation. Zum Glück war das Tier jedoch innerhalb des Tages nach Hause gekommen, hatte also ganz offensichtlich gut zugehört!

Jetzt ist es an den beiden Parteien, das Beste aus der Situation zu machen und vor allem für die Zukunft Umgangsformen miteinander zu vereinbaren und aufeinander zuzugehen.

Es heißt ja nicht umsonst „Hunde haben Herren, Katzen haben Personal".

Gerade wenn es um Disziplinierung der eigenen Menschen geht, fallen mir lauter Katzengeschichten ein! Sorry, ich will sie bestimmt nicht diskriminieren. Dafür gehen sie eben nicht so schnell beim Jagen verloren! Diese Spezies ist nun mal auch am meisten abtrünnig aus irgendwelchen Gründen, die ihnen zu Hause im Heimathafen ändernswert erscheinen.

► Kleine Verfehlungen

Beispielsweise des Katers Moritz, der sofort versicherte, ihm gehe es ausgezeichnet, aber er habe jetzt Lust, etwas für sich zu machen, was ihm Freude bringe.

Sein Mensch habe jetzt keine Zeit und außerdem sei sie nicht höflich zu ihm, sie würde Schimpfwörter zu ihm sagen, jetzt müsse sie einmal eine Zeit lang ohne ihn auskommen.

Sein Mensch war freischaffende Grafikerin. Manchmal mit viel Freizeit, aber wenn ein dringender Auftrag mit Fertigstellungsfrist kam, auch mal zwei bis drei Wochen nicht vom Schreibtisch wegzukriegen und Katerchen bekam nur regelmäßig seinen Napf gefüllt! Und sie hatte die Angewohnheit, den Kater nicht beim Namen zu rufen, sondern mit Wörtern wie „Dickerchen“ oder „Scheißerchen“, aber sie würde es ja nicht böse meinen. Ich hörte nicht mehr, ob das Katerchen wieder nach Hause kam. Ich hatte das Gefühl, die Dame fühlte sich getadelt oder bevormundet, obwohl ich glaube, mich bemüht zu haben, so neutral wie möglich den Wunsch des Tieres zu vermitteln!

Dann hätte ich noch den „Schmollkater“ Murkel zu bieten, der auf eine Reise ging.

Nicht selten verschwinden Schatzis, wenn ihre Menschen auf Urlaubsfahrt gehen und die Tiere von jemand anderem in der Abwesenheit der Menschen gepflegt werden.

Murkel nahm die Unterbrechung seiner lieb gewonnenen, pünktlichen und zuverlässigen Versorgung und Würdigung sehr übellaunig auf.

Die Geschichte ist schon länger her und geschah in den ersten Jahren meiner Laufbahn als Tierkommunikatorin.

Frau B. erzählte mir, dass sie nach einer Woche Urlaub jetzt wieder zu Hause seien und die zu Hause alles versorgende Verwandte seit mindestens drei Tagen den Kater vermisse. Auf meine Frage, ob ich wissen dürfe, wo er sei und wie es ihm gehe, kam wie aus der Pistole geschossen: Keiner hat sich um ihn gekümmert und jetzt wäre er auch in Urlaub, er ist zum Bahnhof gegangen! Und dann ging es noch weiter, indem er mir von einem Dorf zwei Kilometer weiter erzählte, wo es herrliche Kompostbehälter gebe und dass er prima klarkomme.

Haben Sie auch das Bild vor Augen, wie der Kater mit Rucksack am Bahnhof steht und eine Fahrkarte ins nächste Dorf kauft? In solchen Momenten hält man sich wirklich selbst für verrückt!

Zum Glück gab mir die Dame das Feedback, dass sie in unmittelbarer Nähe zum Bahnhof wohnen und dort an den Gleisen sein Lieblingsstreifgebiet sei, nachdem dahinter die Felder und Wiesen anfangen.

Ich erklärte dem Schatzi, dass seine Menschen schon wieder da seien, und versuchte, unsere Menschensicht zu Urlaub zu erklären. Zudem, dass seine Menschen sich sehr auf ihn gefreut haben und ihn vermissen. Die Bitte, sich doch zumindest einmal kurz sehen zu lassen, wurde von ihm auch ohne jeden Kommentar aufgenommen.

Die Auflösung der Geschichte: Nach zwei Tagen rief mich die Dame an, dass ein Bekannter den Kater auf dem Feldweg zwischen den zwei Dörfern angetroffen habe. Es war aber nicht an ihn ranzukommen. Nach zwei Wochen war er dann fertig mit Urlaub und stand mit vorwurfsvollem Blick vor der Tür!

► Zu viel des Guten

Jetzt wissen wir ja schon einiges, was zu tun und zu lassen ist, aber natürlich ist zu viel in die andere Richtung wiederum auch nicht gut!

Eine Katzendame war nicht wirklich verloren, hatte sich aber in einem naheliegenden Wohngebiet eingefunden und versuchte, dort Kontakte zu knüpfen. Nach Hause kam sie nicht mehr.

Patricia, das Katzenfräulein, erklärte mir sofort, dass sie auch nicht die Absicht habe, wiederzukommen, es sei ihr viel zu eng, man könne keinen Schritt machen ohne Überwachung. Ihr Mensch sei ganz nett, aber sie sei schließlich Katze und möchte nur versorgt sein. Ab und zu streicheln wäre auch o. k. und manchmal ganz angenehm, aber alles andere zu viel.

Die Dame versicherte mir, dass sie alles für die Katze tue. Schließlich wisse sie, dass Patricia sehr eigen sei. Das Essen wurde immer sofort frisch bereitgestellt, wenn Patricia eingetroffen war. Außerdem würde

Patricia nicht wie ihre vorherigen Katzen abends nach Hause kommen, sondern häufig erst nachts um zwei oder drei Uhr und manchmal erst morgens um fünf Uhr. Deswegen schlafe sie schon im Wohnzimmer neben der Terrassentür, damit sie sofort aufmachen könne, und gehe erst dann ins Bett.

Ich weiß nicht, lieber Leserinnen und Leser, ob Sie zu den Kindern gehören, bei denen die Mutti in ihrer Jugend auf dem Sofa saß, bis sie von ihrem Partyabend nach Hause kamen. Wenn ja, dann wissen Sie, wie viel Spaß so ein Abend macht, wenn man schon weiß, dass, je später es wird, desto mürrischer und leidender die Mimik von Mutti wird, mit dem still vorwurfsvollen Blick auf die Uhr, wenn man nach Hause kommt. Und genauso ein Gefühl kam von Patricia, bestimmt liebevoll, aber auch mit diesem vorwurfsvollen Blick! Ich weiß nicht, ob die beiden sich noch mal eine Chance gaben.

Das Ganze geht natürlich auch mit Drama von der anderen Seite:

Eine Frau rief mich schon an mit der Info: Ohne den Kater mache das ganze Leben keinen Sinn mehr. Nachdem ich vorsichtig nähergebracht hatte, dass das Tier sich mit dem Wunsch nach ständiger Verfügbarkeit in Anwesenheit, aber auch Angefasstwerden sehr überfordert fühle, wurde ich belehrt, dass der Kater auf keine Art und Weise beengt werde. Der vorsichtige Hinweis, dass Katzen nicht nur reale körperliche Zuwendung, sondern auch Emotionen ihres Menschen sehr klar wahrnehmen, brachte uns auch nicht weiter. Ich befürchte, ich fand keine weisen Worte des Zugangs zu der Dame, dass es dem Kater einfach ein „Zuviel" an ständig gezeigter Liebe wurde mit erheblicher Einengung seines Wunsches nicht nur nach freier Bewegung, sondern auch nach Ruhe für sich selbst.

Manchmal gehen die Bedürfnisse von Mensch und Tier leider so weit auseinander, dass ein Vermitteln und Aufeinanderzugehen schwierig bis unmöglich ist.

▶ Die Heilerin

Manche Aufgaben und Gedanken der Tiere sind für uns Menschen ungewöhnlich, in der Tierwelt ist jedoch vieles Normalität. Tiere tun, was sie meinen, tun zu müssen, meist ohne schlechtes Gewissen oder ohne sich verpflichtet oder schuldig zu fühlen.

In der Tierwelt gibt es so manches Individuum, das sich selbst als „Heiler“ bezeichnet. Wobei das bestimmt nur ein sehr begrenzt zutreffender Ausdruck für die Möglichkeit der Tiere ist, ihre Energien Heil bringend einzusetzen. Und das tun sie auf sehr verschiedene Arten und Weisen, sodass Heiler nicht gleich Heiler ist, sondern eigentlich noch eine Zusatzbezeichnung benötigt würde für das persönliche Verständnis des Tieres davon bzw. die Möglichkeiten, Art und Weise und genaue Bereiche der Heilung.

Öfters bekomme ich bei verschiedensten Themen davon erzählt. Es kommt auch vor, wenn auch selten, dass ein Tier (sorry, meist Katzen) die Familie verlässt, weil seine Heilqualitäten an anderer Stelle gebraucht werden. Die Schatzis lieben ihre Familien durchaus, sind aber der Auffassung, dass dafür nicht unbedingt körperliche Anwesenheit erforderlich ist, und sind einem Wunsch zur Rückkehr zumindest zurzeit nicht zugänglich.

Somit kann ich hier von einer Katzendame erzählen, deren Menschen es gelungen ist, den neuen Aufenthaltsort zu ermitteln und sich vor Ort von der Richtigkeit und Relevanz der Aussagen ihres Tieres zu überzeugen.

Elisa ließ mich sofort wissen, welche Zuneigung sie zu ihren Menschen habe, sie jedoch gefühlt habe, dass jemand anders sie benötige. Als ich sie bat, mich ihren neuen Aufenthaltsort wissen zu lassen, zeigte sie mir, dass sie ganz in der Nähe sei und die Richtung, in die sie nach Verlassen ihres Zuhauses gegangen sei. Sie zeigte mir auch, wie das Haus aussehe, in dem sie sich nun befinde, und dass sie bereits bei einem Ehepaar wohne. Sie erklärte mir, dass sie dort nicht weg könne, weil der Mann sie dringend brauche. Ob sie jemals wieder zurückkomme, wusste sie noch nicht, empfand das aber auch als keine so wichtige Frage. Ernst nahm Elisa allerdings meinen Einwand, dass ihre Menschen sich sehr verletzt fühlen, weil sie freiwillig die Familie verlassen hatte. Elisa erklärte, wie sehr sie ihren Menschen zugetan sei, dass sie aber eine höhere Aufgabe als Heilerin habe und sie sehr dankbar sei, dass sie ein gutes Zuhause hatte, wo sie groß werden und heranreifen konnte, um ihre Qualitäten in dieser Realität zu formen und zu leben. Ich gab ihr die Idee, dass ihr ungewisser Verbleib ihre Menschen sehr schmerze und dass es sie beruhigen würde, zu wissen, wo sie ist. Ich fragte sie, ob es in

Ordnung wäre, wenn ihre Menschen sie suchen und ab und an besuchen kommen. Sie könnte dann immer frei entscheiden, ob sie mit ihnen nach Hause möchte oder bleiben. Sie liebte diese Idee, machte aber klar, dass sie dort bleiben musste!

Das Ehepaar machte sich auf die Suche und fand Elisa relativ schnell zwei Querstraßen weiter in genau dem beschriebenen Haus, in dem ein Ehepaar wohnte. Die Frau war sehr nett, aber auch traurig, zu hören, dass die zugelaufene Katze vermisst wurde und bereits zu einer Familie gehörte. Sie erzählte, dass die Katze der reinste Sonnenschein sei und sich seit Wochen jeden Tag regelmäßig auf das Bett ihres bettlägerigen krebskranken Mannes setze und ihm Gesellschaft leiste. Eines Tages sei sie dann ganz eingezogen und geblieben. Seitdem ginge es ihrem Mann wesentlich besser, er genieße das Zusammensein und den Körperkontakt mit dem Tier. Elisa sei immer sehr rücksichtsvoll, habe ihm noch nie wehgetan und wisse immer, wenn er sie brauche. Sie benehme sich wie eine sehr verantwortungsvolle Krankenschwester. Ab und an nehme sie sich Auszeiten und gehe eine Runde alleine, sei aber stets nach kurzer Zeit wieder da und nehme ihren „Job" wahr.

Natürlich wurde das Herz der Menschen mehr als schwer, aber sie wussten ihr geliebtes Tierchen glücklich und am richtigen Platz. Sie hielten sich an die Vereinbarung und ließen dem kranken Menschen seinen Sonnenschein!

Hier wurden auf jeder Seite viele Tränen vergossen. Bei der Frau und ihrem kranken Ehemann vor Dankbarkeit, bei den eigentlichen Menschen vor Herzschmerz und Freude, so ein tolles Juwel in ihrer Familie gehabt zu haben. Dieser außergewöhnliche Fall hat auch mich zutiefst berührt.

Zum Glück ist es im Verhältnis extrem selten, dass ein Tier, das sich als Heiler bezeichnet, für diese Aufgabe die Familie auf Dauer körperlich und/oder geistig bewusst verlässt. Meist fühlen sich diese Tiere für ihre eigenen Menschen zuständig, denen sie im Leben Unterstützung geben.

► Der Hypochonder

Eine Stammkundin rief mich verzweifelt an, dass eine ihrer Katzendamen fehle. Shanti würde immer pünktlich nach Hause kommen und nie eine Mahlzeit verpassen. Alles laufe immer gleich und geregelt ab und dieses Tier würde sich normalerweise nicht aus dem Gartenbereich herausbewegen und jetzt sei sie bereits einen Tag nicht mehr zu finden.

Als ich mich mit Shanti verband, spürte ich sofort, wie „schlapp und müde" sie sich fühle. Sie hätte sich in den Wald zurückgezogen – der in unmittelbarer Nähe zum Haus begann – und glaube nicht, es noch zu schaffen (damit meinte sie, lebendig zurückzukommen). Ich sah alles wie verschwommen und bekam das Gefühl, dass sich dieses Tier zum Sterben zurückgezogen hatte. Es war mehr ein Gefühl wie betäubt sein als ein bestimmter Schmerz in einem konkreten Körperteil. Auf meine Bitten, zu zeigen, wie sie gelaufen war, wollte sie nicht antworten, ihr Bedürfnis sei nur die Dunkelheit des Waldes.

Langsam wurde es mir auch ungemütlich, es fühlte sich alles richtig und stimmig an, aber ein bis dato gesundes Tier im mittleren Alter, das ohne Grund und irgendwelche Vorzeichen „weit, weit weg" geht, um zu sterben, passte dann doch nicht in mein Weltbild.

Also bat ich eine Kollegin, so lieb zu sein, mich ausnahmsweise zu unterstützen und in das körperliche Empfinden dieses Tieres zu fühlen. Heraus kam das Gleiche wie bei mir.

Ich lobte Shanti wegen ihres wunderbaren Körpers und ihrer Stärke und bat sie, nochmals alle Kraft zusammenzunehmen und sich Richtung Heimat zu bewegen, damit ihr Mensch ihr helfen könne.

Zwei Tage später war das Tier putzmunter und wieder zu Hause. Als die Frau anrief und mir Bescheid sagte, kam dieser kleine Nebensatz: „Vielleicht war es ja auch, weil die Tierarzthelferin an dem Tag angerufen hatte, dass die Katzen und Hunde wieder Jahrescheck und Impftermine haben, und einen Termin ausmachen wollte!"

Dass die Tiere ein feines Gespür dafür haben, wann wir vorhaben, sie in den bösen Korb zu setzen und zu dem noch böseren Tierarzt zu schleppen, wissen wir ja alle. Dass sie regelmäßig dann absolut nicht kooperativ oder nicht auffindbar sind, hat sich auch schon rumgesprochen.

Dass sie beim Telefonieren zuhören und nur die Erinnerung an einen Termin bereits so ernst nehmen, dass sie glauben, bestimmt todkrank sein zu müssen, war dann schlagartig eine neue Lernerfahrung für mich.

Und mit ihrem Hineinsteigern hat die Süße alles bisher Dagewesene getoppt!

Zum Glück war sie genauso schnell wieder bereit, zu gesunden, als sie merkte, dass sie jetzt nicht stirbt. Natürlich wurde dann für sie erst mal kein Termin ausgemacht. Zu einem späteren Zeitpunkt erklärten wir Shanti dann in aller Ruhe unser menschliches Verstehen von vorbeugender Fürsorge! Schließlich sollte sich das Drama nicht wiederholen.

► Der Sanfte

Eine lieb gewonnene Stammkundin rief mich kurz nach der Trennung von ihrem Mann an. In das nunmehr zu groß gewordene Haus sei ihre Mutter mit eingezogen. So könnten sie sich besser gegenseitig unterstützen.

Zu der Mutter gehörte auch ein Kater, der nun zu den eigenen Katzen, einem Kater und einer Kätzin, dazugekommen war. Obwohl die Tiere sich überwiegend in den Räumen des jeweiligen eigenen Menschen aufhielten, kam es doch bei Begegnungen zu Streitigkeiten. Die Katze fauchte und versuchte, sich in Ecken zu verstecken, bis die Situation von den Menschen aufgelöst wurde. Der „erstwohnende" Kater war jedoch seit dem ersten Zusammenstoß nicht mehr nach Hause gekommen. Die Frau machte sich große Sorgen, dass sie dazu beigetragen habe, ihn aus dem eigenen Haus zu vergraulen.

Das Tier war bei der Kontaktaufnahme überrascht, dass es etwas verkehrt machte. Sein Frauchen hatte doch gesagt, dass er lieb sein und sich nicht streiten solle. Wenn er zu Hause sei, gebe es aber Ärger mit dem anderen und deswegen bleibe er weg, um nicht in einen Streit verwickelt zu werden. Nachdem ich diesen Zusammenhang verstanden hatte, regte ich an, ob es nicht vielleicht für die Mutter in Ordnung wäre, wenn wir deren Liebling mal die Hausregeln erklären und versuchen würden, auf diese Art und Weise wieder Frieden einkehren lassen können. Nach deren Einverständnis bemühte ich mich, dem total verunsicherten neu zugezogenen Kater sein neues Zuhause und seine neuen Mitbewohner zu erklären. Vermittelte die Bitte um ein friedliches Miteinander in den gemeinsamen Räumen und zeigte die Orte, welche als Rückzug für jedes Schatzi möglich waren. Das Gleiche erklärte ich der Katzendame. Auch hier hatte ich keine begeisterte Zustimmung erwartet, aber doch, dass die nicht diskutierbaren Grundregeln des Miteinanders wahrgenommen werden.

Einen Tag später war das Katerchen wieder zu Hause. Wenn es auch in Zukunft immer mal wieder „Engpässe“ gab, so beruhigte sich die Situation doch und der Kleine behielt seine Einstellung bei, immer friedlich zu sein und sich möglichst bei Streitigkeiten zurückzuziehen.

► Die Abenteurer

Höre ich so ein leicht genervtes „Keine Zeit, mir geht's gut“, beruhigen sich sofort all meine Alarmglocken. Es gibt immer wieder die freiheitsliebenden, unabhängigen Weltenentdecker. Bei mir landen die Schatzis, die selten genug weg sind, damit sich ihre Menschen nicht wirklich daran gewöhnen, aber dann wieder lang genug, um einen ordentlichen Schrecken einzujagen. Oder denen nur ganz spontan etwas interessant erscheint, dem sie unbedingt nachgehen müssen, und darüber alle Zeit vergessen!

Hier kann/muss ich zum Glück nicht viel tun, außer zu ermahnen, sich zu Hause mal wieder sehen zu lassen. Wenn so gar kein Nach-Hause-Drang oder keine Einsicht erkennbar ist, dann gibt es auch mal meine – wahrscheinlich bei den Katzen bereits berühmt-berüchtigte – Ansprache:

Ich erkläre den Abtrünnigen, dass sie in ihrer gewählten Rolle als Haustiere nicht nur Rechte haben wie „beschmust und gefüttert werden, Rücksichtnahme, Bespaßung und Türöffnungspersonal sowie im Notfall Versorgung bei Erkrankung durch ihre Menschen“, sondern auch Pflichten wie „ebenfalls Rücksichtnahme auf die Bedürfnisse und Gefühle des Menschen, gute Energie in den Haushalt geben, regelmäßige Erscheinungspflicht, Sanftmut, Harmonie, Sauberkeit und ihren Menschen wissen lassen, dass sie o. k. sind“.

Im Gegenzug für ihr Nach-Hause-Kommen versuche ich, mit ihren Menschen – natürlich nur bei Freigängerkatzen! – abzusprechen, dass die Katzen bitte dann nicht eingesperrt werden bzw. die Türen nicht zugehen sollten, sondern dem Tier weiter die Wahl bleiben sollte, ob es zu Hause sein möchte oder wieder gehen will. Jetzt gibt es diejenigen, die ihrem Menschen in Bezug auf Freiheitsberaubung nicht so ganz vertrauen und nebenbei mal durch den eigenen Garten laufen, um sich sehen zu lassen, aber schnell wieder in den Abstand gehen. Und diejenigen, die dann eben mal bei Gelegenheit zu Hause einlaufen, als wäre doch gar nichts gewesen.

Noch zeitsparender machte es eine ältere Katzenlady, die auch schon bekannt für ihre „Gut-Wetter-Ausflüge" war. Ihr Frauchen rief mich an, weil Minka sich auch nach vier Tagen noch nicht zu Hause gezeigt hatte, was dann doch schon arg lang für ihre Streunertendenz war, und zudem war auch noch der Peilsender ausgefallen, den Minka unterdessen tragen musste.

Nach dem gelangweiltem Zuhören meiner Verpflichtungsaufzählung und ihrer Ermahnung an ihren Menschen, das Leben mehr zu genießen und nicht so steif zu sein, ging sie ihrer Wege weiter und war nicht weiter an einer Kommunikation interessiert.

Wenige Minuten nachdem ich das Telefonat beendet hatte, rief die Dame schon wieder an. Der Peilsender sei kurzfristig angesprungen und nach einer knappen Minute wieder ins Stillschweigen übergegangen. Wie die Katze das gemacht hat, fragen Sie bitte nicht. Diese Tiere sind hochenergetisch und so wundert es mich schon lange nicht mehr, dass sie auch Elektronik beeinflussen können. Nach einer knappen Woche stand sie dann wohlbehalten wieder vor der Tür.

► Der „Hast-du-mich-noch-lieb-Typ"

Nicht selten habe ich auch das Gefühl, dass die Herrschaften einfach nur mal hören wollten, wie wichtig sie sind oder wie sehr ihr Mensch an ihnen hängt, und sofort bereitwillig nach Hause laufen, um als ärmste Katzen der Welt sofort alle Versorgung und Liebkosung einzufordern.

Ich liebe es, gerade diese Tiere sind häufig meine „Expresslieferung". Unabhängig davon, ob sie schon zwei Tage, zwei Wochen oder länger abgängig sind: Sie wissen auf den Punkt genau, wann ich einen Termin mit ihren Menschen ausgemacht habe, vermitteln gar den Eindruck, als würden sie auf die Uhrzeit schauen. Einige haben es tatsächlich auf die Minute geschafft, nach den ersten an ihren Menschen gerichteten Grußworten von mir die Bühne mit lautem Willkommensschrei zu betreten. Wenn das nicht möglich ist, hatte ich während des Beratungsgespräches schon bemühte Nachbarinnen vor dem Fenster rufen oder an der Türe läuten, die den Ausreißer im Garten aufgegriffen hatten.

Leider hat dieser Typ von Ausreißern auch manchen Nachteil für mich. Einige sind überpünktlich und kommen kurz vor dem vereinbarten Gesprächstermin nach Hause, wohl, um dabei zu sein, wenn es um sie geht!

Das heißt, ich erhalte dann den Anruf:

„Grad ist er zur Tür reingekommen, ich konnte es gar nicht glauben, nachdem er doch schon drei Wochen weg war. Jetzt brauche ich Sie nicht mehr und will den Termin stornieren."

Nun ja, natürlich freue ich mich auch über diese Happy Ends!

► Veränderungen in der Familie und im Umfeld

Ein Zuwachs in der Menschen- oder Tierfamilie war schon öfters erklärungsbedürftig. Auch ein vorübergehender Besuchshund oder eine Urlaubskatze kann zu Überreaktionen führen. Was für uns selbstverständlich ist – und wir vielleicht ja auch wissen, dass der Hund schon wieder weg ist oder die Katze in zwei Wochen wieder abgeholt wird –, kann von einigen Tieren als Katastrophe aufgefasst werden.

Hier sollte man ein Gespräch im Vorfeld in Anspruch nehmen, um die eigene Tierfamilie auf den Besuch vorzubereiten.

Unbekannte Schreckgespenster tauchen natürlich auch öfters auf.

Erst diese Woche hatte ich wieder ein Kätzchen, das fluchtartig verschwunden war und behauptete, ein ganz fremdes, schreckliches, lautes, bewegtes Ding habe sie angegriffen.

Der Nachbar hatte den Pferdehänger zu sich nach Hause gezogen – warum auch immer, vielleicht gereinigt oder repariert – und der war wieder abtransportiert worden, nachdem mit lautem Getöse die Laderampe bewegt und zugeschlagen worden war.

Hier konnte ich beruhigen, dass das Monster nicht mehr da sei.

In diese Rubrik passen bestimmt auch die armen Handwerker, die ja nur ihren Job machen, von den Tieren jedoch als fremder Eindringling wahrgenommen werden. Freigänger weichen nach draußen aus, trauen sich dann aber auch oft nicht mehr nach Hause.

Auch Baugerüste am Haus können Krisen auslösen: Die schauen ja immer – auch nachts – zum Fenster rein!

Zugezogene Hunde bzw. generelle Veränderungen an, in und auf Nachbarschaftsgrundstücken waren auch schon ein Problem, wenn das Tier auf seinem gewohnten Weg nach Hause gehen wollte und im Nachbarsgarten von „Ungeheuern" gejagt wurde. Hier konnte ich mithilfe der eigenen Menschen Alternativwege visualisieren und damit zeigen, wie die Tiere unter Umgehung der Gefahr nach Hause kommen können. Ich klärte die neuen Gegebenheiten ab, welche neuen Tiere im Garten nebenan sind, dass der neue Nachbar einen Aufsitzrasenmäher hat, jetzt dort zwei kleine Kinder leben, die herumlaufen, und wann Ruhe in dem Garten ist. Ich sortiere nach gefährlich und ungefährlich bzw. erkläre dem Tier, worauf es achten muss und zu welchen Uhrzeiten problemlos ein Durchqueren möglich ist, falls kein guter Alternativweg zur Verfügung steht. Diese klaren Situationen geben mir einen genauso klaren Ansatz der Hilfe. Ich kläre mit den Menschen, ob die Situationen aufgelöst sind, wie z. B., ob der Besucherhund wieder weg ist oder der Pferdehänger fortgefahren wurde. Ich kläre mit dem Menschen, inwieweit sein Verhalten in der Zukunft etwas ändert und dem Bedürfnis des Tieres angepasst werden kann. Natürlich schimpfe ich auch mal mit dem Tier, dass es sich doch von solchen Kleinigkeiten nicht aus der Fassung bringen lassen und seinem Menschen vertrauen solle. Und ich erkläre ihm, dass es wahrnehmen solle, dass sein Mensch die vier Wände gemietet oder gekauft habe, weil er dort alles im Griff habe, sprich, dort die Sicherheit ist und es bei Problemen immer dorthin laufen müsse.

Wenn ich noch länger nachdenke, fallen mir bestimmt noch viele Beispiele ein.

Aber jetzt wollen wir erst mal mit den Schatzis weitermachen, bei denen sich nicht schon bereits im Vorfeld abklärt, warum und weswegen sie abgängig sind.

Oder wir wissen, warum sie weg sind, können aber keine Abhilfe schaffen oder eine nachträgliche Lösung bieten. Dabei denke ich zum Beispiel an die Katze, die vor Panik aus der Tierarztpraxis geflüchtet ist, oder sonstige Transporte, bei denen ein Schloss kaputtging, Materialfehler an Leine oder Geschirr, und natürlich ist auch der hakenschlagende Hase ein wunderbarer Grund. In all diesen Fällen hilft uns eben das Wissen um den Grund herzlich wenig.

11.
Wo ist das Tier?

Leider kennen Tiere weder Landkarten noch Adressangaben. Selbstverständlich liebe ich diese Geschichten:

Ihre Katze sagt: „Gehen Sie geradeaus aus der Haustüre über die Straße, biegen Sie nach links ab, 100 bis 200 Meter auf dem Gehsteig lang, dann kommt rechts etwas Tiefes mit Holz, Gerümpel und Durcheinander." Da steckt die Kleine fest.

10 Minuten später der Anruf der Kundin: Ich hab sie, woher konnten Sie wissen, dass Maunzi in die Baugrube gefallen ist?

Oder:

Ihr Kater sagt, er sei über die Wiese gegangen und ganz in der Nähe, er sitze auf der Mauer und traue sich nicht runter und es rieche ganz schlimm nach Sch... .

Kurze Zeit später: Hab ihn, er saß fest neben der Jauchegrube vom Nachbarhof.

Schön wäre es, wenn es immer so einfach wäre!

Das sind aber eher die Ausnahmen als die Regel und genau deswegen ist es mir so wichtig, die Möglichkeiten aufzuzeigen, um Prozesse in Gang zu bringen.

Als Erstes werde ich mich selbstverständlich bemühen, so viele Informationen wie möglich von dem Tier zum derzeitigen Aufenthaltsort zu bekommen.

Wie bei Menschen gibt es die sehr ruhigen, besonnenen und klaren Individuen. Genauso aber auch diejenigen, die schwer zuhören können, in eigener Panik und Angst gefangen sind oder sich einfach nicht zutrauen, etwas Neues zu können.

Kein Tier ist ein James Bond. Und wenn wir ehrlich sind, ist es ja auch ziemlich viel verlangt, sich auf einer Flucht oder Jagd noch den exakten Weg mit allen Merkmalen, Abzweigungen und Hinweisen zu merken.

Auch die zeitlichen Abfolgen sind nicht immer exakt zu bestimmen.

Stellen Sie sich einmal vor, Sie kommen vom Urlaub nach Hause und berichten Freunden davon. Vielleicht von dem tollen Erlebnis mit den Delfinen, der interessanten Sightseeingtour und dem genialen Abendessen in einer kleinen Fischertaverne. Das heißt nicht, dass die Erlebnisse zwingend in dieser Reihenfolge stattgefunden haben, sondern dass Sie als Erstes von den Delfinen erzählen, weil das das allerschönste Abenteuer in Ihrem Urlaub war.

Genauso bekomme ich manchmal von den Tieren Informationen über Orte/Ereignisse/verschiedenste Situationen in einer Reihenfolge, die nicht unbedingt dem zeitlichen Geschehen entsprechen muss. Teile werden ausgelassen, andere so stark betont, obwohl bereits vergangen, weil sie besonders prägend, beeindruckend, ängstigend oder auch der kurze Ruhepol waren.

► Wo bist du jetzt und wie bist du da hingekommen?

Um mich mit dem Tier nicht lange durchfragen zu müssen und vielleicht unzusammenhängende Antworten zu bekommen, mag ich persönlich immer gerne gleich wissen, ob das Tier von zu Hause aus vermisst wird oder in fremder Umgebung abgängig ist.

Ist die Umgebung vollkommen unbekannt oder war es dort schon einmal? Kann das Tier also den Ausgangspunkt des Vermisstseins und damit gleichzeitig auch den gewünschten Treffpunkt mit seinem Menschen verstehen? Sei es das eigene Haus oder vielleicht ein Parkplatz am Wald, ein Besuch bei Verwandten oder ein Urlaubsort mit Ferienhaus viele Hundert Kilometer von zu Hause weg oder weiß es überhaupt nicht, wo es ist, hat somit keinen Bezug zum Rückkehrort?

Wir erkunden so viele Informationen wie möglich über den derzeitigen Standort und/oder auch die gelaufenen Strecken, wenn das Tier den Weg getrennt von seinem Menschen unter die eigenen Pfoten genommen hat.

Gehen wir mal vom Idealfall aus, dann kann das Tier mir eventuell zeigen, wie es dort aussieht, wo es sich derzeit aufhält. Natürlich beschreibt das Tier aus seiner Perspektive, und das über alle Sinne.

Derzeitiger Standort:

Es kann mir also Bilder von dem zeigen, was es sieht, seinen Tastsinn fühlen lassen, z. B., welchen Boden es unter den Füßen hat oder welche Erschütterungen es fühlt, die vorherrschenden Gerüche, z. B. Abgase oder Kuhstall, und Geräusche, wie Autoverkehr, Hühnergegacker oder Sonstiges, mitteilen.

Oft helfen diese Wahrnehmungen schon, um eine ungefähre Region im Blickfeld zu haben.

Von verwaschen bis sehr präzise ist alles dabei.

Bilder:

Eine Katze erzählte mir einmal ganz exakt, was sie sieht, und beschrieb mir ein Haus „mit Hütchen" mit einer Mauer davor. Die Dame sandte mir mehrere Bilder von Häusern aus der Region zu, auf die ein „Hütchen" zutreffen konnte, von Kirche bis Fachwerkhaus mit Erker, und ich konnte sofort das „Richtige" erkennen. Exakt mit Mauer und Weg, wie das Tier es beschrieben hatte. Leider wurde dort von Anwohnern zwar bestätigt, dass das Tier gesehen wurde, trotzdem wurde sie nie mehr gefunden. Diese völlige Präzision war auch eher eine absolute Ausnahme, also bitte jetzt nicht alle Häuser Ihrer Umgebung fotografieren und Ihrer Tierkommunikatorin zusenden, sonst bekomme ich Ärger.

Eine andere Katze beschrieb mir klar, sie sei beim Schloss, und zeigte mir die vollständige Anordnung des Gartens. Es gab tatsächlich das Schloss mit genau dieser Anlage, inklusive des beschriebenen großen Teiches. Die Katze wurde dort jedoch erst ziemlich genau nach fast einem Jahr aufgegriffen!

Häufiger sind allerdings eher allgemeingültige Bezeichnungen wie Feld, Wiese, Wald, überständiges Gras oder dann schon genauere Beschreibungen von Mauern mit und ohne Bewuchs, helleren oder dunkleren Büschen oder Bäumen. Also alles gesehen aus Katzenhöhe und katzenrelevant. Für uns Menschen manchmal ein guter Anhaltspunkt, manchmal leider auch nicht so hilfreich.

Erst letzte Woche führte aber die kleine mit Efeu bewachsene Mauer zu einer Scheune, in der das Katerchen versteckt in der Ecke saß! Ich kann eben vorher nie wissen, was hilft oder nicht. Also erwarten Sie von uns Tierkommunikatorinnen bitte nicht, dass wir vorsortieren.

Tasten:

Oft kann ich das Fühlen der Pfoten auf dem Untergrund bemerken und weiß, ob es sich um Beton, Waldboden mit Moos oder Tannennadeln, Fliesen oder bearbeitetes Holz handelt. Ich kann auch den Kontakt des Körpers mit einer trockenen oder feuchten Wand empfangen.

Gerüche:

Ich muss gestehen, das ist nicht gerade eine Stärke meiner Wahrnehmungsmöglichkeiten. Starke Gerüche wie Kuh-/Schweinestall, Pferdeboxen etc. nehme ich aber dann doch wahr. Und Weiteres beschreibe ich noch nachstehend.

Auf welchem Weg von zu Hause weg?

Mich interessiert, wie es von seinem Zuhause (oder auch sonstigem Bezugspunkt) weggegangen ist, woran es sich erinnert.

Mehrere Möglichkeiten – wie immer in der Tierkommunikation – helfen mir, das Tier zu verstehen oder ihm die Möglichkeit zu geben, sich mit mir auszutauschen. Das variiert von Tier zu Tier und muss dessen Möglichkeiten und natürlich auch den meinen entsprechen. Gern wird immer verglichen: Man muss sich wie Radio und Sender aufeinander einstellen, der eine kann ohne den anderen nicht funktionieren, selbst wenn er für sich funktioniert. Und so ist es manchmal ein bisschen „tricky“, mit verwirrten Tieren auf einen Nenner zu kommen, und Geduld und Ruhe sind eine Grundbedingung.

Dialog:

Manche können mir einfach sagen oder wieder in Bildern zeigen, wo sie langgelaufen sind.

Dies kommt dem am nächsten, wie wir Menschen uns unterhalten und erklären würden.

Um Ihrer Frage vorzubeugen: Das ist eine energetische Übersetzung in unsere Menschenworte und nicht als „reales Sprechen" zu verstehen – auch wenn es sich genauso anfühlt. Deswegen ist es für mich auch nicht relevant, ob Sie ein deutschstämmiges oder ein Auslandstier haben. (Der ein oder andere hatte schon Bedenken, ich könnte eventuell mit seinem Tier nicht arbeiten, weil es aus Rumänien, Polen oder Spanien ist.)

Selbst zu dem Tier werden:

Bei anderen frage ich um Erlaubnis, ob ich mich in sie hineinversetzen darf und als Katze, Hund oder welche Spezies auch immer den Weg laufen kann. Dann kann ich den Weg sozusagen durch die Tieraugen sehen.

Das Tier im Geiste begleiten:

Verloren gegangene Tiere sind häufig emotional ohnehin sehr belastet oder aufgewühlt. Während viele froh sind, dass sich jemand um sie kümmert, haben wir jetzt auch mit den Juwelchen zu tun, die absolut misstrauisch und unsicher gegenüber jedem Fremden als Person oder Energie sind.

Hier ist mehr Abstand gefragt. Einige lassen mich sozusagen dann neben sich laufen. Andere sind verunsichert, wenn sie mich so „interessiert" wahrnehmen. Dann benötige ich noch mehr Raum zwischen uns.

Ich nenne das meine „Schleich-nach-Methode“:

Ich beame mich sozusagen geistig auf Augenhöhe des Tieres herunter und laufe auf allen Vieren im Geiste hinter diesem her, während es von seinem Zuhause wegläuft (oder natürlich von dem Punkt aus, wo es verloren gegangen ist).

Wenn ich das Tier nicht sehen kann, dann ist meine Intention, mich in die Fußabdrücke einzufühlen und der Fährte zu folgen.

Das sind Wege durch Hecken und Wiesen, über und unter Zäune und Mauern. Durch Schuppen und über Dächer und Äste oder auch verschiedene sich lang hinziehende Vegetationszonen außerhalb. Die Wegbeschreibungen klingen meist viel anders als bei uns Menschen und wir können nur versuchen, so viel wie möglich nachzuvollziehen.

Manchmal ist es nicht hilfreich, wenn ich „nur“ verschiedene Wiesen oder Gebüsche beschreiben kann. Aber außerhalb der Bebauung gibt es manchmal nichts so Markantes, was für die Tiere hervorsticht, dass es uns ein wirklicher Anhaltspunkt sein kann. Oft ist aber auch genau „das“ kleine Wäldchen oder „der“ allein stehende Nadelbaum mit Zaun dahinter eine gute Spur.

▶ Die Wegweisung

Natürlich ist es eine wirklich schwer zu leistende Herausforderung, diese Beschreibungen am Telefon dem Menschen zum Tier weiterzugeben.

Ich nehme an, Sie wissen, wie ausgiebig man über oben und unten oder auch rechts und links diskutieren kann, geschweige denn Norden und Süden. Um diesen Missverständnissen aus dem Weg zu gehen, habe ich meinen „Uhrenkompass“ erfunden, den ich gerne anwende.

Der Menschenkunde bekommt z. B. folgende Anweisung von mir zu hören:

Zeichnen Sie bitte auf einem Blatt Papier einen Kreis wie ein Ziffernblatt: oben die 12, unten die 6, rechts die 3 und links die 9.

Ich lasse entweder in die Mitte an der Stelle, wo die Uhrzeiger befestigt wären, oder auf irgendeiner beliebigen Uhrzeit ein kleines Quadrat einzeichnen, das das Haus (Zuhause) oder einen sonstigen Ausgangspunkt darstellt. Je nach Situation lasse ich die Wohnungstür oder auch den Ausgang des Tieres (z. B. die Katzenklappe) oben oder unten, rechts oder links einzeichnen.

Während des Austausches mit dem Tier mache ich mir eine grobe Skizze und probiere erst aus, wie ich es dem Kunden am leichtesten einteilen kann, dass er meiner Beschreibung folgen kann.

Dann folgen die einzelnen Details, wie ich sie von dem Tier empfange.

Zum Beispiel ist das Tier vom Haus durch den Garten oder von der Vorderfront oder der Garage aus in Richtung Geruch von Wasser gegangen, rechts ist ein Berg oder ein Bauernhof, oder da sind Schienengeräusche, dort mag sie nicht hin, sondern geht immer weiter Richtung Wasser, dort sind auch viele Bäume und Gestrüpp und da steht ein kleiner Schuppen, da kam ein Fuchs usw.

Diese Uhren haben erst mal nichts mit der Himmelsrichtung, also dem üblichen Ost/West und Nord/Süd, zu tun. Ich bitte die Menschen, sich zu orientieren mithilfe einer Karte oder auf Google Maps, wie es eben in den vorhandenen Gegebenheiten passen kann!

Damit Sie sehen können, wie das Mitzeichnen bei mir erfolgt, sehen Sie nachstehend einige Beispiele, wie es dann in meinen Unterlagen aussieht:

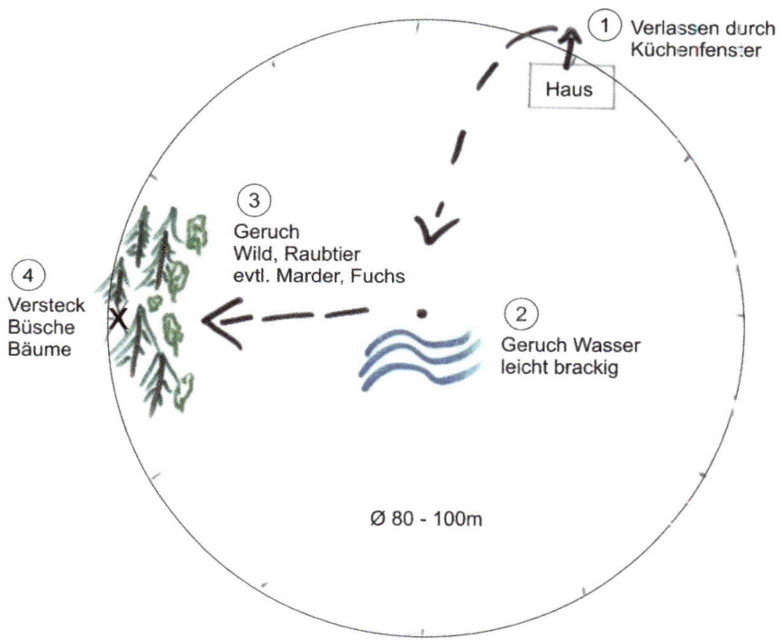

1. Zeichne einen Kreis auf 13.00 Uhr mit einem Pfeil nach oben. Das ist der Ausgang des Tiers (durch ein Fenster). Die Katze ist links herum um das Haus gegangen und Richtung Mitte der Uhr gelaufen. Dort
2. riecht es nach Wasser – leicht brackig –, unangenehm zu laufen, und sie geht weiter in Richtung 9.00 Uhr.
3. Zwischen Mitte Uhr und 9.00 Uhr riecht es stark nach Wild/Raubzeug und ich fühle große Nähe. Sie flüchtet weiter nach
4. 9.00 Uhr, dort stehen Bäume und Büsche und sie geht in Deckung und versteckt sich.

Entwischter Wohnungskater

1. Zeichnen Sie ein Viereck in die Mitte des Kreises, das ist Ihr Haus.

2. Zeichnen Sie ein Viereck zwischen Mitte und 3.00 Uhr, das ist der Bauernhof, wo der Kater zuletzt gesichtet wurde. Es ist rechts neben Ihrem Haus, aber eventuell in der Linie etwas weiter oben oder unten.

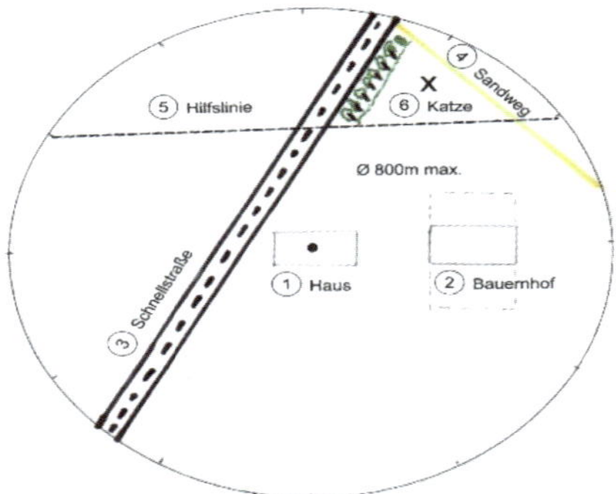

3. Zeichnen Sie zwischen 7.30 und 12.30 Uhr eine Linie; da läuft in etwa eine Straße, die häufig und schnell befahren wird, also eventuell eine Bundesstraße. Diese Straße ist für die Katze eine Grenze, die sie nie überquert.

4. Zeichnen Sie zwischen 12.30 und 14.30 Uhr eine Linie, das ist ein Sandweg und die obere Grenze.

5. Zeichnen Sie zwischen 10.00 und 14.00 eine Hilfslinie. Dadurch entsteht

6. ein kleines Dreieck, links die Straße, oben der Sandweg und unten durch die Hilfslinie begrenzt. Auf der linken Seite zur Schnellstraße sind Büsche und Hecken. In diesem Dreieck ist der Rückzugsort des Katers. Zurzeit hat er leider keine Lust, heimzukommen, sondern genießt seine Freiheit, weiß aber genau, wo Sie wohnen!

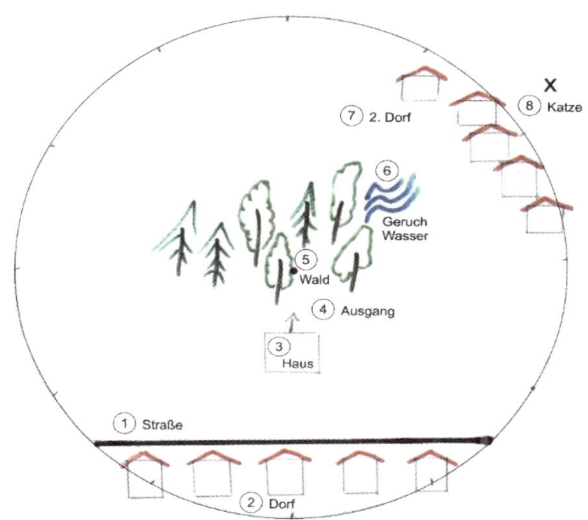

1. Zeichnen Sie zwischen 7.30 und 16.30 Uhr eine Linie, das ist die Straße vor Ihrem Haus.

2. Unterhalb der Linie Richtung 6.00 Uhr sind noch viele Häuser, das Dorf. Sie wohnen am Ortsrand.

3. Zeichnen Sie Ihr Haus in der Mitte zwischen 6.00 Uhr und Mittelpunkt der Uhr ein Stück oberhalb der Straße.

4. Ihr Tier hat das Haus durch den Garten Richtung Uhrenmitte verlassen.

5. Oberhalb Ihres Hauses in der Kreismitte beginnt der Wald, das Tier ist leicht nach rechts geschwenkt und kam auf der anderen Seite des Waldes raus.

6. Zwischen Mitte Kreis und 14.00 Uhr riecht es nach Wasser.

7. Zwischen 13.30 und 14.30 Uhr stehen Häuser; darauf ist er zugelaufen.

8. Er ist erschrocken und um das Dorf herumgelaufen, er dürfte jetzt im hinteren Bereich außerhalb des Kreises in Höhe von 14.00 Uhr sein.

Entlaufener Hund nach Stromschlag Weidezaun in unbekannter Umgebung

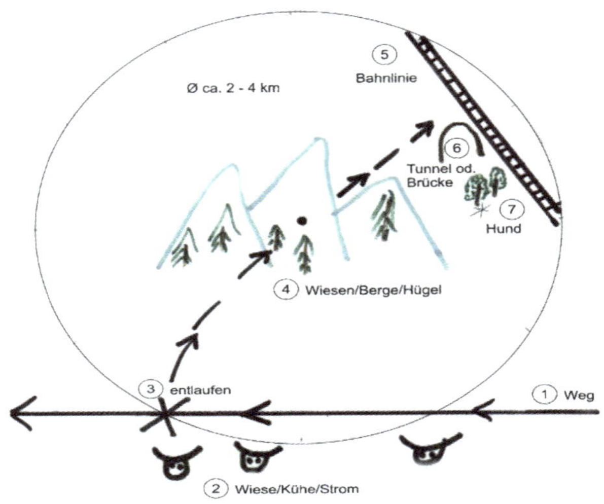

1. Zeichnen Sie einen Strich durch 5.00 und 7.00 Uhr. Auf diesem Weg sind Sie Richtung 7.00 Uhr gelaufen.
2. Unterhalb Richtung 6.00 Uhr sind Weiden und Kühe.
3. Auf 7.00 Uhr machen Sie ein Kreuz. Da ist der Hund entlaufen.
4. Nach rechts Richtung Kreismitte, bergauf Hügel oder kleine Berge; erst kommen noch etwas uneingezäunte Wiesen, dann wird es waldig und geht immer rauf und runter, Richtung 14.00 Uhr weiter, da kommt ein Tal.
5. Zeichnen Sie eine Linie zwischen 13.00 und 15.00 Uhr, ich höre Zuggeräusche, eventuell eine Bahnlinie.
6. Auf 14.00 Uhr ist so etwas Ähnliches wie eine Brücke oder ein Tunnel, da verändert sich das Geräusch in dumpf.
7. In dem Bereich der Geräusche des Zuges und des Tunnels versteckt sich der Hund in Büschen.

Meist beginne ich mit den für uns Menschen relevanten Informationen und sehe oder fühle erst mal, von welchem Umfeld wir ausgehen müssen. Ist es eher städtisch oder bäuerlich, ein „echtes“ Neubaugebiet oder schon eher ein älteres gewachsenes Wohngebiet, sind da Hochhäuser, größere Mietshäuser oder doch eher Industrieobjekte? Sind es Wiesen und Felder oder doch abgeschlossene Gärten oder offene Parks, wo wir uns bewegen?

Kann mir das Tier nur wenig zeigen, frage ich Dinge ab wie z. B., ob es Zäune oder Mauern, Terrassen, Sonnenschirme oder Balkone gesehen hat. Da die Größenrelation manchmal schwer einzuschätzen ist, nachdem ein Kätzchen ja nun erheblich kleiner ist als wir, frage ich oft nach: Was ist ein „kleines“ oder „großes“ Haus, wie viele Fenster sind übereinander etc.?

Neben rein sichtbaren Objekten und Landschaften kann ich auch hier wieder alle Sinne –Hören, Tasten, Riechen, Schmecken – mit einbeziehen.

Nachdem nahezu alle Spezies – ich befürchte, außer wir Menschen – Wasser eher riechen, noch bevor sie es sehen, bekomme ich oft eine Idee, wo Flüsse, Bäche oder Teiche sind. Interessanterweise kann ich aus der Wahrnehmung des Tieres heraus sogar am Geruch unterscheiden, ob es ein großes oder kleines fließendes Gewässer ist, bis hin zu einem kleinen Rinnsal, und unterscheide auch frisches laufendes Wasser von still stehndem, wie einen Teich, oder eher modrig-nass wie eine Senke, die sich nach Regen gefüllt hat. Ich frage nach, wo die Sonne steht, woher der Wind oder der Regen kommt.

Bei Straßen können die Tiere nicht immer differenzieren, was für eine Straße das ist. Manchmal sagt mir ein Tier, das ist die kleine Straße oder die Straße hinter dem Feld, die so laut ist, oder der ein oder andere zeigte mir schon die „ganz Große“ mit den vielen Teerbändern, also eine Autobahn oder Ausfallstraßen.

Hier verlasse ich mich aber lieber auf das Hören, wenn mir das Tier die Information geben kann.

Kommt nur ganz selten ein Auto, wie auf einer Anliegerstraße, oder so gut wie nie, aber dann ganz laut, wie z. B. auf einem geteerten Feldweg mit Traktoren? Ist es eher ein ab und zu unterbrochener, aber sehr ruhiger Verkehrsfluss wie in einer Ortsdurchgangsstraße? Ein durchgängiges ruhiges immerwährendes Fließen mit Stoppen und Anfahren wie in einer Stadt? Fahren da auch größere Fahrzeuge, sind also Geräusche von Lastern oder landwirtschaftlichen Maschinen auf der Straße dabei? Und wenn wir dann vielleicht im Außenbereich sind: Wie hört sich das Geräusch an? Ich höre dann auf das „Vorbeizischen“ dieses „scht, scht, scht“. Bei Bundesstraßen ist es länger gezogen und deutlicher, während es auf großen Schnellstraßen und Autobahnen lauter und schneller wird.

Manche Schatzis können es mir vom Geräusch her nicht zeigen, vielleicht sind wir da nicht miteinander kompatibel – oder ich eventuell einfach nicht fein genug eingestellt für dieses Tier.

Dann helfe ich mir damit, die Pfoten des Tieres zu fühlen.

Jedes vorbeifahrende Auto lässt die Straße vibrieren und die Tiere fühlen es. So kann ich manchmal auch fühlen, wenn Schienen in der Nähe sind. Züge, Straßenbahnen etc. lösen eine sehr starke Schwingung des Schienenstranges, aber auch des umliegenden Bodens aus, was die Tiere über ihre Pfoten aufnehmen.

Ich erinnere mich noch sehr gut an einen Fall aus meiner absoluten Anfängerzeit, als ich mich selbst austrickste! Ein Kater, der bereits mehrere Wochen unterwegs war, ließ mich erst das kontinuierliche Rauschen einer schnell befahrenen Straße hören und dazu das Vibrieren von Bahnschienen. Ständig hatte ich beides im Kopf und konnte mich nicht entscheiden, was ich der Frau sagen sollte. War er jetzt an der Bundesstraße oder an der Bahn? Ich verfiel kurz in Schweigen, was die Dame zum Anlass nahm, mich zu fragen, ob es mir helfe, zu wissen, dass der letzte Ort, wo sie gesichtet wurde, an der Stelle war, wo die Bundesstraße über die Gleise führt. Natürlich habe ich mich damals sehr über mich selbst geärgert, denn jetzt war es wohl nicht mehr sehr glaubwürdig, wenn ich genau das der Frau als Ort nennen würde. Soweit ich mich noch entsinne, sagte ich damals, dass das Tier mir diesen Ort bestätige, aber ich leider keine weitergehenden Abläufe bekäme. Auf jeden Fall hatte ich wieder dazugelernt.

Oft sind für die Tiere aber die natürlichen Dinge wesentlich wichtiger und interessanter. Dann wird es schwierig, denn ein Wald hat viele Bäume und alle sind groß und eine Wiese hat viel Gras und alles ist grün.

Wenn wir uns noch im bebauten Umfeld bewegen, besteht vielleicht noch eine Chance, dass das Tier bestimmte Bäume oder Büsche als sicheren Unterschlupf bezeichnen kann. Da bekomme ich schon mal das Gefühl, dass die Hecke eher Blätter oder eher Nadeln besitzt, mit oder ohne Stacheln ist. Oder dass der Tannenbaum gemeint ist, der neben dem Fischteich steht.

Mich interessiert, ob sich das Tier in den kleinen eingezäunten „Feldern" , sprich unseren Gärten, bewegt. Oder vielleicht auf großem Grün, also ohne Zäune und Einschränkungen, wie Parks, Sportplätzen etc.

Meint das Tier gepflegtes Grün, also Rasen, oder überständiges wie z. B. auf unbewohnten Grundstücken oder leeren Baugrundstücken?

Im Außenbereich wird es dann noch schwieriger, denn dann haben wir Wiese, Acker, Büsche oder Wald. Mit viel Glück kann ich dann in etwa durch Gegebenheiten wie Feldwege, Bäche, Buschgruppen, Steigungen oder Abhänge oder sonstige auffällige Merkmale in etwa die Richtung angeben.

Ich weiß, dass ich da manchmal wahrscheinlich die Nerven meiner menschlichen Kundschaft sehr strapaziere, wenn ich Büsche und Bäume irgendwo draußen beschreibe. Aber Tiere können nicht Straße und Hausnummer benennen oder Koordinaten durchgeben. Wir müssen uns auf deren Wichtigkeiten und Erleben einlassen, auch wenn das nicht immer hilfreich ist.

Für das Kätzchen ist es in dem Moment aber sehr wichtig, dass es diese Büsche, wo das Kaninchen wohnt und die ein wenig stachelig sind, gefunden hat, weil es da dichten Unterschlupf gibt, die Nässe nicht durchtropft und viele Mäuse zu fangen sind.

Mit den Bezeichnungen der Tiere muss man auch immer wieder äußerst „innovativ" umgehen.

Eine Katzenlady sagte mir einmal sehr knapp und bestimmt, dass sie abgeholt werden möchte. Sie habe Angst und sitze unter dem Balkon von dem Haus, wo immer die Wäsche aufgehängt werde.

Gefunden wurde sie unter dem Balkon bei einem Haus, an dem eine etwas größere Fahne wehte!

▶ Wie weit weg?

Oft bekomme ich auch eine Idee der Tiere für Entfernung. Zum einen ist das ein Gefühl, ob das Tier eher „Strecke", also geradeaus, läuft und Kilometer macht oder eher in kleinerem Gebiet Kreise läuft, um den sicheren Hafen wiederzufinden.

Bei mir funktioniert das eher über ein Bauchgefühl, das mir eine „In-etwa-Entfernung" gibt, ohne dass ich jetzt wirklich begründen könnte, warum ich 200 oder 500 Meter sage.

Entfernungen sind auch wieder sehr relativ, denn vor einer Gefahr fliehen kann einem unendlich vorkommen, obwohl es sehr kurz war. Den Tag genießen oder einem Wild hinterherlaufen kann sehr kurz sein, die zurückgelegte Strecke jedoch ziemlich lang.

Sofern nachvollziehbar liege ich hier mit meinem reinen Bauchgefühl doch meist richtig gut, aber natürlich gibt es auch Fälle, in denen das gefühlte „eben mal kurz" eine zweistellige Kilometerzahl wurde. Meine Erfahrung ist: Je weiter die Tiere weg sind, also gerade Hunde als Langstreckenläufer, desto unpräziser werde ich leider und bekomme manchmal auch überhaupt keine Idee.

Auch hier spüre ich wieder die Gefühle der Tiere, vielleicht, wie sie sich verstecken und nicht den Mut haben, durch den Garten mit den lauten Menschen zu gehen, oder wie viel Spaß es gemacht hat, durch den ganzen Weinberg ohne Leine zu rennen, und es jetzt plötzlich überall gleich aussieht, kein Hase, aber auch kein vertrauter Mensch mehr da ist und Hundchen keine Idee mehr hat, den wievielten Berg es hochgerannt ist.

Das sind viele Dinge, die ich die Tiere abfrage, und es ist dann am Menschen, die Informationen in Einklang mit der Umgebung zu setzen.

Und wieder muss ich darauf zurückgreifen: Nicht jeder Hund und nicht jede Katze ist geboren als James Bond!

Auch wenn das Heimfindevermögen der Tiere immer als fantastisch dargestellt wird, was es meistens auch ist, kann man es nicht verallgemeinern. Bei einigen Schatzis funktioniert es einfach gar nicht oder zumindest in Schocksituationen nicht. Und leider sind es ja nun häufig auch eben die verschwundenen, bei denen diese Fähigkeit nicht so ausgeprägt ist.

Die Logik der Tiere kann auch sein, dass der Weg zurück schlichtweg gefährlich ist, weil da eben irgendetwas vorgefallen ist und sie sich jetzt nicht trauen, dort wieder hinzugehen.

Hier musste ich schon manchem Kätzchen gut zureden, das vor einem unbekannten lauten Geräusch geflohen ist, dass es sich wieder auf den Rückweg machen kann.

Optimal ist es natürlich, wenn der Mensch zum Tier mir einordnen kann, was das Gefährliche war oder ist. Zum Beispiel eine neue Baustelle beim Nachbarn oder auf der Straße. Dann kann ich es dem Tier vermitteln und entweder versichern, dass das Objekt weg ist aus dem Heimatbereich, oder wie im Falle der Baustelle erklären, wie lange und was da getan wird und wann die Leute abends Feierabend machen und der Weg nach Hause frei ist.

Wenn z. B. ein Tier vor einer Gefahr flieht oder im Eifer des Gefechts einem Wild nachrennt, dann kann es durchaus noch in etwa die Idee haben, wo das Zuhause ist. Das heißt nicht, dass es den gelaufenen Weg Schritt für Schritt und Haken für Haken beschreiben kann.

Deswegen ist manchmal die beste Wegbeschreibung nicht viel wert, wenn das kleine Detail fehlt: wie z. B. einmal abgebogen oder einen Berg rauf und runter.

Deswegen sind die Weg- oder Richtungsangaben übersetzt durch eine Tierkommunikatorin eine gute Stütze und erste Orientierung, man sollte jedoch andere Möglichkeiten nicht vollständig ausblenden! Zudem ist meine Erfahrung auch immer wieder, dass einige wenige Tiere – warum auch immer – Dinge gerne seitenverkehrt zeigen!

Vielleicht ist es deren Logik, „rückwärts“ zu schauen? Ich weiß es nicht.

Ich bin immer wieder selbst ganz überrascht, wie genau ich oft Landschaften, Situationen, Ambiente, Wohngebiete und sonstige Gebäude beschreiben kann. So genau auch alles übereinstimmt, wird dennoch häufig auf diesem Weg das Tier nicht gefunden.

Ich weiß, viele haben schon erlebt, wie unmöglich es ist, die Katze im eigenen Garten zu finden, wenn sie nicht ins Haus will, geschweige denn irgendwo da draußen, wenn sie selbst sich nicht zeigen möchte!

Das ist nicht gleichbedeutend damit, dass das Tier nicht nach Hause will, sondern ganz einfach ein Naturinstinkt, dass man sich versteckt, wenn man in Schwierigkeiten ist. Dieser Instinkt überlagert auch oft, sich dem eigenen Menschen zu erkennen zu geben.

Aus diesen Wegbeschreibungen kann man in etwa Anhaltspunkte ableiten. Oft bekomme ich aber nur Teilstücke der Wege oder bis dorthin, wo sich die Tiere noch auskannten oder das problematische Ereignis stattgefunden hat. Es ist nicht zwangsläufig so, dass das Tier am Ende des Weges sitzt und wartet!

Bis hierher haben Sie nun schon einiges darüber erfahren, wie die Suche nach einem abgängigen Tier mithilfe von Tierkommunikation verläuft. Aber es gibt natürlich noch viel mehr, was wir in der Tierkommunikation berücksichtigen. Davon erzähle ich Ihnen in den nächsten Kapiteln.

12.
Stelle die richtigen Fragen!

Klingt so einfach und kann doch die Sache kompliziert machen. Manchmal sind es absolute Kleinigkeiten, über die man erst mal stolpert.

Ich erinnere mich an einen Kater, bei dem ich sozusagen erst einmal sinnbildlich richtig Federn lassen musste.

Meine, wie ich jetzt weiß, sehr unintelligente Frage war:

„Wo bist du hingegangen?"

Von ihm folgte eine große Beschreibung mit vielen Details, die mir alle von seinem Menschen bestätigt wurden. Es gab die Landschaft, die Häuser, den Bach, den Teich, alles, wie ich es sagte. Viele dieser Bereiche waren von seinem Menschen auch schon abgesucht worden, da dies seinem gewohnten Revier entsprach, aber er war dabei nicht gefunden worden.

Zum Glück hat auch hier die energetische Arbeit mit dem Heilkreis – über den ich später noch erzähle – wieder alles gerichtet und die direkte Nachbarin ging zufällig kurz nach dem Beratungsgespräch in ihren Keller, wo das Schatzi schon einige Tage festgesessen hatte, und eine Stunde nach unserem Gespräch war er wieder zu Hause.

Ich habe dann nochmals Kontakt zu ihm aufgenommen und gefragt, warum er uns zum Suchen bis zum Teich geschickt habe. Er sagte nur, das sei gewesen, was ich ihn gefragt habe. Und dann sei er wieder nach Hause gegangen und das Malheur sei ihm peinlich, weil er zu neugierig gewesen sei.

Wenn wir ein Tier suchen, brauchen wir ja nicht seinen ganzen Weg zu wissen, sondern den Weg vom Haus zum Tier. Jetzt vergewissere ich mich immer, ob das Tier das auch verstanden hat. Oder frage nach, wie viel von dem Weg von zu Hause weg und wie viel schon wieder zum Haus zurückführt.

Die gleiche, nicht sehr sinnige Frage („Wo bist du hingegangen?“) stellte ich schon einmal einer anderen Katze, die mir aber gleich sagte, dass sie das nicht wisse, aber mir ein Haus, ein groooooßes Haus beschrieb, das sie doch nur mal anschauen wollte, und dann kam eine alte Frau und habe sie eingesperrt.

Super, was macht man damit?

Ich in Schutt und Asche, weil ich nicht mehr Hinweise geben konnte. Die Leute fanden zum Glück das Haus in näherer Nachbarschaft bzw. eigentlich wurden sie aufmerksam durch eine aufgeregte ältere Dame, die Hilfe holen wollte, weil sie „glühende“ Augen in ihrem Keller angeschaut hatten!

Danke, liebe Katzenschutzengel, für das Timing! Auch hier hat der Heilkreis, den ich später noch beschreibe, seine Arbeit getan.

► Wer ist involviert?

War/ist ein Mensch/eine Menschenhand Teil der Geschichte?

Gibt es ein Gefühl von involvierten Autos/Anhängern/Transportern?

Es nützt die schönste Beschreibung des Aufenthaltsortes wenig, wenn das Tier eventuell von gutmeinenden Menschen als verloren angesehen und mitgenommen oder ein aufdringlicher Futterbettler als zugelaufen adoptiert wurde.

Fahrzeuge

Manche Schatzis empfinden auch Fahrzeuge als sehr erkundungswürdig und mancher Lkw wurde schon geschlossen, ohne dass der Fahrer bemerkte, dass eine Katze im Laderaum ist.

Auch Anhänger, besonders im Herbst mit Laub beladen, sind ein beliebter Spielplatz, der sich dann plötzlich bewegt.

Mit etwas Glück kann man noch recherchieren, welcher Lieferant da war und wohin er gefahren ist, bis er die Klappe wieder öffnete, oder wo der Gärtner oder Nachbar zum Grüncontainer gefahren ist.

Natürlich können wir nicht in Kilometern benennen, wie weit der blinde Passagier mitgereist ist. Manchmal ist es aber noch Erfolg versprechend, wenn das Tier nur eine kleinere „Rüttelstrecke" zeigt. Bei langen Fahrten hat man leider meist keine Chance mehr, den Abenteurer zu orten.

So konnte eine Dame durch meine Hilfe schon einmal einen Handwerker „verfolgen" und die Katze fast 20 km weiter im Wohngebiet des Elektrikers wiederfinden.

Das Tier wurde adoptiert!

Manchmal ziehen die Herrschaften auch einfach in bessere Futtergründe um oder verteilen die Zuneigung gleichermaßen. Das tut weh, ich weiß. Gerade Schatzis, die zu Hause vielleicht aus guten Gründen auf Diät gehalten werden, weil sie unerklärlicherweise zu rund sind oder eventuell auch aus Krankheitsgründen, halten sich gerne eine oder auch mehrere Familien als optionale Futterquelle offen und jede meint, sie wäre „the only one"!

Wenn jetzt einer von den Leuten umzieht und „seine" Katze mitnimmt, bekomme ich manchmal ein absolutes Stimmigkeitsgefühl des Tieres und ein „das wäre schon o. k.", es hätte ja alle lieb.

Von den Tieren, gerade Katzen, können wir hier lernen, dass sie niemandem gehören und durchaus mehrere Menschen als „ihre" Menschen sehen und ihnen in gleicher aufrichtiger Zuneigung verbunden sind.

Wenn die andere Familie noch ansässig ist, lässt es sich manchmal über gezeigte Laufwege des Tieres nachvollziehen, wo die Leute in etwa wohnen, und eine Übereinkunft der Zuständigkeiten finden.

Hier stellte sich schon heraus, dass die Katze z. B. wegen einer Verletzung einige Wochen im Haus gehalten oder während des Urlaubs in Pflege gegeben worden war und danach seine alte Route mit mehreren Familien wieder aufnahm.

Sollte die andere Familie wirklich mit Tier verzogen sein, können wir leider nichts mehr tun.

Öfters glauben gutmeinende Mitbürger auch ein Kätzchen – öfters die sehr jungen oder auch Rassekatzen – als ausgesetzt und alleine auf der Welt. Eventuell war das Tier auch durch irgendein Ereignis verloren, sehr hungrig und suchte Anschluss. Manch verletztes Tier wird ebenfalls aufgenommen und mit bestem Willen gesund gepflegt.

Nachdem nicht jeder weiß, dass viele Katzen einen Chip tragen, finden sich die Schatzis dann in einer Wohnungssituation meist erst mal ohne Freigang wieder.

Ich kann nicht andere Menschen beurteilen, ob ein Tier aus gutem Willen heraus gepflegt wird oder doch einfach ignoriert wird, dass sich jemand anders Kummer macht, und das Tier behalten wird, weil man sich selbst verliebt hat.

Erlauben Sie mir, einzufügen, falls Sie jemals in der Situation eines Finders sind und einem Tier in Not helfen, ist es nur zu sehr verständlich, dass man sich in das kleine Leben verliebt, das man eventuell geschützt und liebevoll wieder hochgepäppelt hat. Seien Sie sich bitte aber auch bewusst, wie dringend dieses Tier in einer anderen Familie gesucht werden könnte und welcher Kummer und welche Dramen eventuell damit verbunden sind. Auch wenn es sehr schwerfällt, versuchen Sie bitte, die Familie zu dem Tier zu finden. Prüfen Sie, ob das Tier einen Chip hat. Entsprechende Anzeigen in lokalen Blättchen und Medien wie Facebook etc. können helfen, und benachrichtigen Sie auch das Tierheim.

Auch Hundchen kann das passieren.

So verschwand einmal spurlos für immer ein kleiner Welpe. Das Tierchen war bei einer geplanten kleinen Pipipause aus dem Auto gesprungen und erst mal im Wald verschwunden. Ich sah ihn später auf dem Schoß einer Frau im Auto sitzen. Nachträglich wurde auch von Augenzeugen bestätigt, dass das Tier aus dem Wald auf die Landstraße lief, ein Auto anhielt und ihn mitnahm. Trotz Chip fand er nicht mehr nach Hause.

Ich kann das Tier nur bitten, einen Ausgang zu finden, und falls es den Weg nach Hause nicht weiß, bei anderen Menschen aufzeigen, dass es in Not ist. So haben wir eine Chance, dass es mittels Registrierung wieder nach Hause findet.

Ein cleverer Kater, der bereits viele Wochen abgängig war, hatte sich genau an meine Anweisungen gehalten, entkam wohl irgendwie und lief einen Tag nach meiner Beratung einem jungen Mann auf der Straße so ausdauernd nach, bis sich dieser um ihn kümmerte und beim Tierarzt abgab, der nach Auslesen des Chips die richtigen Menschen benachrichtigte.

Diese Bitte sollte aber mit Bedacht und weise eingesetzt werden. Das mache ich nur bei Katzen, die als Freigänger das Alleinelaufen gewöhnt sind; da halte ich es für verantwortbar. Bei lebenslangen Wohnungskatzen weniger. Bei dem oben beschriebenen Welpen wäre das ebenfalls keine Lösung gewesen. Das Schatzi wäre nur unter die Räder gekommen und ist in einer neuen Familie bestimmt geliebt und sicher. Also ist es wichtig, einzuschätzen, ob das für das Tier auch leistbar und sicher sein kann.

Ist das Tier, ohne Möglichkeit zu entweichen, in Haus oder Wohnung eingesperrt und bekomme ich ein Gefühl, dass die Fahrtreichweite nicht sooo groß ist, bitte ich die Tiere, viel auf der Fensterbank zu sitzen und nach draußen zu sehen. Ich bitte das Tier, mir zu beschreiben, was es sieht, wie groß die Straße ist, ob ein Haus gegenübersteht, wie das aussieht, ob es Gärten gibt etc. Aber hier konnte ich erst einmal Erfolg verzeichnen, dass eine Katze im Nachbarort wiedererkannt und nach Kontakt mit den Menschen wirklich zurückgegeben wurde.

Alle Tiere, die in einer Wohnung festsitzen, befreie ich von aller Erziehung.

Ich fordere die Tiere auf, laut zu sein, an den Türen zu kratzen, an Möbeln zu kratzen, in den Räumen zu urinieren und zu koten und menschliche Vorschläge zu ignorieren.

Ich zeige ihnen, dass Menschen sie dann nicht mehr so niedlich finden und eventuell wieder frei lassen oder ins Tierheim geben.

Gestohlen!

Auch diese Geschichten habe ich gehört, dass jemand das Tier mitgenommen hat.

Oft nette Tiere, die sich auch anfassen und teilweise sogar hochheben lassen, obwohl sie es nicht möchten, aber zu sanft sind, um sich zu wehren. Öfters fühlt man dann viel Transport und verschiedene Menschen, meist aber dann auch ein gutes Leben bei neuen Leuten.

Das passiert aber viel seltener als angenommen.

So oft höre ich: Bestimmt hat ihn jemand gestohlen, weil er so hübsch ist!

Natürlich ist das eigene Tier immer besonders hübsch. Nachvollziehen oder bestätigen durch das Tier konnte ich diese Diebstahlvermutung bislang aber selten. Natürlich kann das Tier oft aber auch nicht unterscheiden, ob der Mensch es in Not glaubte und aus reinem Herzen heraus helfen wollte oder es mitgenommen hat, um es auf egoistische Art und Weise zu behalten oder zu verkaufen.

Öfters stecken da schon irgendwelche nicht so netten Nachbarn dahinter, die die Tiere einfach wegbringen und irgendwo aussetzen. Auch mancher Jugendliche erlaubte sich schon einen Streich, ohne sich Gedanken zu machen, in welche Nöte Tier und Mensch gebracht werden.

Sofern das Tier in einer Wohnung festsitzt und die Gegend eingegrenzt werden kann, ist es sehr wichtig, durch lang anhaltendes Verteilen von Flugblättern in der Region Druck aufzubauen. Manch ein „eingesammeltes“ Tier tauchte einiges später dann wieder zu Hause auf. Einen Hund und manchmal auch eine Katze für immer vor den Augen der Nachbarn zu verbergen, ist dann meist doch nicht möglich. Ob unwissentlich gutmeinend mitgenommen oder bewusst eingefangen, wird manchem das Eisen dann doch zu heiß und er lässt das Tier wieder frei.

Auch hier hatte mein Vortrag „Vergiss deine Erziehung“ schon einmal Wirkung gezeigt.

Ein Rassehund war aus dem Garten verschwunden; die Menschen hatten aber erst viel später von mir gehört und es waren bereits über vier Wochen vergangen, seitdem das Tier vermisst wurde.

Das Hundchen zeigte mir gleich, wie ein Mann ihn mitgezogen hatte, obwohl er eigentlich nicht wollte, und dass er jetzt in einer Wohnung sei.

Ich bat ihn, bewusst „schmutzig“ zu sein und sich unbeliebt zu machen.

Nach zwei Tagen jaulte der Hund nachts im Garten seine Menschen aus dem Schlaf und wurde freudestrahlend in Empfang genommen.

Tierfänger

Es ist mir ein Anliegen jetzt erst mal alle zu beruhigen. In meiner langen Tätigkeit in der Suche nach Tieren hatte ich nur ca. drei bis vier Fälle, bei denen ich wirklich mit Klarheit sagen muss, dass die Wahrscheinlichkeit dafür sehr groß und die Tendenz, dass das Tier nicht mehr lebt, extrem hoch war.

13.
Die Wahrheit der Tiere

Die halbe Geschichte und weggebeamt:

„Will ich nicht, also ist nicht!" lautet dahinter wohl die Philosophie. Die Tiere schalten einfach ab, wenn sie sich in einer unangenehmen oder ungewollten Situation befinden.

Ich erinnere mich an eine kleine Boardercollie Hündin namens Bonnie. In fremdem Gebiet war sie beim Spaziergang an einen wohl ziemlich fiesen Weidezaun gekommen und bekam einen gehörigen elektrischen Schlag. Obwohl sonst ein Hund, der sich nie entfernt und eher Schutz bei ihrem Menschen sucht, gab sie Fersengeld und war weg. Die Dame kontaktierte mich sofort und ich konnte den gerannten Weg durch Wiese, Feld und Wald nachvollziehen. Alles stimmte exakt mit der Landschaft überein und endete mit der Behauptung, sie liege unter dem Busch und rühre sich nicht mehr.

Das stimmte für mich nicht überein. Eine junge, quicklebendige Hündin würde nach so einer Entfernung nicht so erschöpft sein, dass sie sich unter einen Busch legt und aufgibt. Trotzdem war nicht mehr zu erfahren.

Die Auflösung der Geschichte: In der exakten Laufrichtung gab es nach kurzer Strecke durch den Wald eine Bundesstraße und eine Tankstelle. Genau an dieser Stelle kam Bonnie aus dem Wald und hatte das Glück, dass gerade eine Helferin des ansässigen Tierschutzvereins tankte, Bonnie sofort von der Bundesstraße holte und in ihr Auto setzte. Sie nahm das Tier mit nach Hause, wo Bonnie genauso steckensteif sitzen blieb und schlichtweg geistig nicht da war und die neue Gegebenheit mit fremden Menschen und Tieren nicht annahm. Mensch und Tier fanden über die Meldung beim Tierschutzverein schnell wieder zusammen. Ich hatte mit Bonnie genau zu der Uhrzeit kommuniziert, als sie im Fahrzeug unterwegs war, also bereits „festsaß".

14.
Menschenplanet, oh du Allwissender, rette mich!

Dieses Vertrauen in den Menschen ist natürlich berührend und toll, aber leider häufig sehr kontraproduktiv.

Mit dieser Eigenschaft war meine große Hündin gesegnet, was mich schon öfters in große Ängste versetzt hat! – Sie wissen ja: In dem Moment, wo es um das eigene Juwelchen geht, verliert man doch schon mal leichter die Haltung.

Dieses Lehrgeld habe ich bereits mit ihr als sehr jungem Hund bezahlt, als sie sich in einem Maisfeld verlief, an verschiedenen Ecken herauskam, mich nicht sah und sich dann einfach mitten in den Maisacker setzte, um zu warten, dass ich sie rette. Mein zweiter Hund war so lieb und lief zwischen uns hin und her, sodass wir uns relativ flott wieder hatten.

Das Gleiche kurze Zeit später bei dichtem Nebel und Joy frei laufend auf der großen Pferdewiese bescherte mir fast vier Stunden Suche und „Nervenabrieb“, bis Spaziergänger sie in der Nähe flach auf einem Acker liegen sahen wie Häschen in der Grube. Sich bewegen und mitgehen wollte sie nicht. Begrüßt wurde ich mit einem freundlichen „Na, heute hat es aber lange gedauert, bis wir wieder nach Hause fahren. Ich hatte schon Angst, du hast mich vergessen!“

Viele Jahre konnten wir unsere gemeinsamen Gänge bis auf ein paar kleinere Malheurchen genießen. Dann kam mal wieder der Tag X, wo alles anders ist als sonst:

Ich befand mich wenige Hundert Meter vor unserem Zuhause auf dem Rückweg von einem Spaziergang. Am Waldrand beide Schatzis angeleint. Joy durfte mit einer langen Leine vorauslaufen, während ihre kleine Freundin an kurzer Leine hinter mir lief.

Das im Gebüsch liegende Reh konnte wohl noch die zielstrebig nach Hause laufende Joy ignorieren und blieb relaxt. Schließlich sind wir ja Dauernachbarn und kennen uns. Die intensiv am Boden schnüffelnde kleine Hündin hinter mir war aber dann doch etwas zu viel und das Reh beschloss sehr spät, doch das Weite zu suchen.

Die Planung des Fluchtweges wäre aber noch ausbaufähig gewesen, wie das Tierchen wohl schnell gelernt hat. Vor lauter schnell, schnell wollte es noch vor mir über den Weg und aufs Feld rennen – was in sich schon absolut unlogisch ist, wenn auf der Seite des Rehs alles Wald ist. Übersah dabei glatt, dass mich die Leine mit Joy vor mir verband, und rannte ungebremst in das Band. Reh überschlug sich, Joy wurde mit Schwung von den Füßen geholt und kollerte zurück Richtung Reh. Monika wurde in einer Millisekunde mit nicht nur dem Gewicht von 40 kg Hund, sondern auch noch reichlich Kilo Reh belastet, während von hinten noch 11 kg zusätzlich durchstarteten, um am Geschehen teilzuhaben. Dieses Abheben meiner Gewichtigkeit mit Saltoüberschlag hätte mir auf jeder Sportveranstaltung Punkte gebracht, leider mit erheblichem Abzug in der Landung, die mir dann auch endgültig alle Leinenenden entriss.

Klein Mary beeindruckte noch mein Schmerzensschrei, sodass sie als pflichtbewusster Hund erst mal nach mir sah, was mir zumindest ihr Leinenende wieder zuführte. Währenddessen hatte sich Joy mit dem in der Leine verfangenen Reh schon zu weit weggekollert, als dass ich noch eine Chance gehabt hätte, daran zu kommen. Zum Glück zerrten erst beide, um voneinander loszukommen, was dem Reh auch unverletzt sehr schnell glückte. In Panik gab es Fersengeld. Der Last entledigt realisierte aber leider auch Joy, dass das, was sie umgehauen hatte im wahrsten Sinne des Wortes, eines dieser herrlich braunen Geschöpfe war, die man so schön jagen konnte.

Ab ging die Post mitsamt der Leine. Ich konnte den Weg des Rehs in einem großen Bogen über die Äcker zurück in den Wald sehen und auf der anderen Seite des Baches, wie es auf die hinter dem Wald liegende Wiesenfläche zurannte. Was fehlte, war mein Hund, der folgte. Ein Stück im Acker hatte ich Joy noch gesehen und dann aus den Augen verloren. Also musste sie wohl im Wald feststecken. Das Gebiet inklusive des kleinen Waldes, in dem ich lebe, ist nicht so groß und ich kenne jeden Baum persönlich, also kein großer Grund, bange zu sein, auch als Joy nach 30 Minuten immer noch nicht zurückgekommen war. Nach Hause gehinkt, erst mich verpflastert und den angeschlagenen Knöchel bandagiert, dann ab in den Wald und systematisch ab „Eintritt Reh“ abgesucht. Drei erfolglose Stunden später, mit der informativen Mitteilung meines Hundes: „Ich bin da, darf nicht an der Leine ziehen und das braune Tier ist weg. Jetzt bin ich alleine, holst du mich ab?“, waren meine Nerven zerrüttet und ich rief eine Kollegin an, um eine „neutrale“ Kommunikation zu haben. Sie sagte mir, dass Joy ihr so etwas Ähnliches wie einen Jägerzaun zeigte, der neben ihr war. Ansonsten nichts anderes, als dass sie da und ganz in der Nähe sei.

Alles super, nur dass weit und breit kein Jägerzaun ist. Eine Stunde später, als ich mit dem Auto alle Weidezäune von Kühen um den Wald herum abfuhr, wurde ich durch eine kurze Bewegung im abgeernteten Getreidefeld aufmerksam, nur ca. 600 Meter von meinem Haus entfernt!

Da lag die Gute! Großer gelber Hund zwischen großen gelben Getreidehalmen, die der Mähdrescher wohl nicht ganz erfasst hatte und die kreuz und quer –wie Jägerzaun – standen. Die Leine um vielleicht drei oder vier dieser Getreidehalme gewickelt, die jedes zweijährige Kind hätte ausreißen können. Sehr erleichternd wedelnd, dass ich sie endlich abholen komme, wenn schon die Leine sie hier festgebunden hatte.

Sie sehen also, wenn ein Hund „festhängt“, kann auch das relativ sein. Joy hat gelernt, nicht an der Leine zu ziehen, und wahrscheinlich hat ihr das Schleifen der Leine hinter ihr irgendwann den Input gegeben, etwas Verbotenes zu tun, der noch den Reiz des Rehejagens überlagert hat. Leine gehört zu Monika, also ist auch nur Monika befugt, ein Weitergehen zu autorisieren, und wieder waren wir mal in dem ungeschickten Verstehen „Ich muss liegen bleiben, bis mein Frauchen mich abholt!“.

Bestimmt bringe ich immer wieder meine Kunden gerade in dieser ohnehin stressgeladenen Situation eines vermissten Tieres in reichlich Verzweiflung mit meinem „relativ“.

Es ist eben immer in Relation zu der Einschätzung des Tieres und deren Wahrheit ist manchmal uns bei allem Nachdenken nicht immer zugänglich. Obwohl ich alle Wenns und Abers kenne, wäre ich auch nie darauf gekommen, dass mein Hund an einem imaginären „wie“ Jägerzaun festhängt, mitten auf einem abgeernteten Getreidefeld. Aber schließlich lernt man jeden Tag aufs Neue dazu!

Und das ist so ein gutes Beispiel dafür: Der eine Hund ist wirklich fest verwickelt mit seiner Leine am Busch und kann trotz Zerrens nicht freikommen. Der andere besteht darauf, festgebunden zu sein, obwohl er jederzeit frei wäre, um nach Hause zu gehen.

Wir können somit nicht unbedingt wissen, ob die Aussage des Tieres das „Ende der Geschichte", also die jetzige Realität, ist, sondern nur besten Gewissens übersetzen, was uns das Tier zeigt.

Und somit sind wir schon beim nächsten „relativ":

Ich hänge fest – „geistig" oder „real"?

Auch das kann ich nicht immer auseinanderhalten. Bei manchem Tier, gerade den Youngstern, bekomme ich das Gefühl, dass es sich „limitiert" fühlt.

Manche zeigen Bilder, z. B. ähnlich wie eine Kellerwand mit Regalen, eine Garage oder einen Holzschuppen. Bei anderen steht nur das Gefühl „eingeengt" im Raum.

Vielleicht kennen Sie aus irgendeiner Situation in Ihrem Leben, dass man, wenn jede Möglichkeit, die offensteht, als gefährlich erscheint, lieber dort bleibt, wo man ist, und abwartet. Und natürlich passiert das umso leichter, je weniger Lebenserfahrung im Umgang mit verschiedenen Situationen vorhanden ist.

Gerade Jungtiere ohne viel Erfahrung im Freilauf neigen öfters dazu, sich geistig zu limitieren, und bleiben, wo sie sind, ohne Suche nach Alternativen.

Ein Katerchen konnten wir nur nach Hause bringen dank aufmerksamer Spaziergänger.

Sie fanden es etwas merkwürdig, warum der kleine dürre Kerl jedes Mal, wenn sie an der Scheune im Außenbereich vorbeiliefen, in dem alten Reifen saß und sich nicht bewegte.

Er hatte diesen ausrangierten alten Reifen als sein sicheres Körbchen erkoren, blieb stoisch sitzen und hatte keinen anderen Weg.

Ich versuche, den Menschen zum Tier dann immer zu erklären, dass sie sich nicht so zuständig fühlen sollen, ihr Tier zu finden und zu retten, sondern nur „anbieten können, zu helfen".

Viele Tiere sind es so gewohnt, dass ihr Mensch bei jeder Kleinigkeit zu Hilfe eilt, dass sie gar nicht auf die Idee kommen, dass ihr Mensch sie nicht finden kann, und geduldig warten auf ihren Retter – und die meisten Menschen strömen auch energetisch aus, dass sie selbst das Tier finden müssen.

Den Tieren erkläre ich, dass ihre Menschen sie unterstützen, aber es die eigene Aufgabe ist, sich selbst zu helfen. Es ist der Job des Tieres, zu fühlen, wenn die Energie ihres oder auch anderer Menschen in der Nähe ist, auf sich aufmerksam zu machen durch Kratzen, Bellen, Miauen und sich möglichst selbst einen Ausweg aus dem „limitierten" Rahmen zu schaffen. Ich erkläre, dass sie keiner finden kann, wenn sie nur sitzen bleiben und nichts tun.

Manchem Schatzi, das sich schon selbst aufgegeben hatte, konnte ich so wieder Kraft und Willen geben und nach kurzer Zeit standen sie vorwurfsvoll vor der Tür.

Leider gibt es natürlich auch viele, die sich selbst nicht helfen können und weiter ausharren in dem oft selbst erschaffenen geistigen Gefängnis oder aus dem realen Eingesperrtsein keinen Ausweg finden.

15.
Auch Tiere können sich wegträumen!

Ihr Tier weiß sich nicht selbst zu helfen, kein Plan B ist zur Verfügung, auch Tiere können sich in aussichtslosen Lagen wegträumen.

Deswegen kommuniziere ich immer nur einmal mit einem Tier. Denn je öfters ich Kontakt aufnehme, desto mehr vermischen sich wahre Gegebenheiten mit irgendwelchen Fantasiebildern der Tiere. Dieses Lehrgeld musste ich schon oft genug bezahlen.

Sie kennen das ja wahrscheinlich auch von sich selbst, über was man manchmal alles nachdenkt, weil man mit dem eigentlichen Problem nicht weiterkommt.

Eine vor Kurzem aus Ungarn eingereiste Hündin war abhandengekommen, nachdem der Pflegestellendame die Leine aus der Hand gerutscht war, als die Hündin erschrak.

In der ersten Kommunikation zeigte das Tier mir einfach Wald und dass sie festhängt, konnte Richtung und Laufstrecke recht klar geben und die Suche fing an. Allerdings ohne Erfolg.

Also wurde ich am nächsten Tag wieder gebeten, zu schauen. Diesmal erhielt ich Bilder, dass sie Welpen möchte (natürlich war sie kastriert) und endlos über weite Wiesen laufen (so weite Wiesen wie auf dem Bild sind mitten im Taunus unwahrscheinlich). Ich war also dem Ganzen sehr skeptisch gegenüber.

Zwei Tage später fand sie zum Glück ein Jogger, der querfeldein in dem Wald unterwegs war. Die Süße hing mit der Leine an einer Baumwurzel fest und konnte so schnell gesichert und in sichere Obhut gegeben werden.

16.
Tiere verfolgen

Natürlich werde ich immer wieder gefragt: „Können Sie nicht nochmals Kontakt mit dem Tier aufnehmen?“

Solange sich keine Veränderung der Situation ergibt, z. B. eine Sichtungsmeldung, mache ich es nicht.

Wie oben beschrieben vermischen sich zum einen dann Realität und Träumerei sehr leicht.

Zum anderen nehme ich den Tieren dann schon wieder Verantwortung ab, dass auch sie etwas beitragen müssen, damit ich ihnen helfen kann.

Und ich habe auch hier schon viel Lehrgeld bezahlt.

Oft konnte ich Tiere schon „verfolgen“ und alle beschriebenen Gebiete und Besonderheiten stimmten absolut mit der Route überein. Nur jedes Mal, wenn wir einen neuen Ort hatten, war das Tier schon wieder weitergelaufen.

Das ergibt irgendwie keinen Sinn. Schließlich hätte das Tier die Entscheidung treffen müssen, stehen zu bleiben, wenn es denn wollte, dass ihm geholfen wird.

Es ging um ein „Habenwollen“, ohne das Tier dabei abzuholen und zu integrieren.

Wir haben das Tier somit im Endeffekt vor uns hergetrieben.

Mein Beruf ist aber, Mensch und Tier in Harmonie zu bringen.

Schließlich hat jedes Tier seinen Lebensweg und ich habe gelernt, das zu akzeptieren.

Verständlich, dass verzweifelte Kunden oft nicht die Geduld haben, zu warten, und unzufrieden sind mit meiner Aussage, dass ich vom Tier erwarte, dass es in die Selbstverantwortung geht. Dann wird eine zweite oder auch noch weitere Tierkommunikatorinnen beauftragt.

Es passiert sehr oft, dass auch eine ganze Armada von Tierkommunikatorinnen beauftragt wird, nach dem Motto „mehr hilft mehr“.

Von den Tieren wird das häufig als energetische Verfolgung empfunden und gerade bei den scheueren, schüchternen hat man nahezu keine Möglichkeit mehr, unterstützend einzugreifen.

Zumal die eine Tierkommunikatorin „haben“ will, die andere will, dass das Tier nach Hause kommt, wieder eine andere möchte das Tier standorttreu bekommen. Abläufe werden verschieden erklärt. Das Tier ist verwirrter und verängstigter als zuvor.

Vom kleinen Durcheinander bis zum großen Chaos: Dass jeder etwas anderes will, ist lediglich kontraproduktiv und meist kann dann keiner mehr helfen.

Sobald ich merke, ich bin die Zweite oder Dritte oder …., ziehe ich mich von einem Auftrag prinzipiell zurück.

Lieber in guten, unproblematischen Tagen eine Tierkommunikatorin des Vertrauens kennenlernen, der man dann auch die Suche nach seinem Tier anvertraut.

Ja, ich weiß, die Situationen sind natürlich immer unvorhergesehen und viele hören von Tierkommunikation erst, wenn der Notfall da ist.

Aber dann bitte mit einer Tierkommunikatorin arbeiten, bis die sagt, dass sie nicht mehr weiter weiß, und dann, wenn es Ihr unbedingter Wunsch ist, zur Sicherheit eventuell noch eine andere beauftragen.

Ich habe versucht, Ihnen jetzt zunächst einen größtmöglichen Einblick zu geben, was wir vom Tier empfangen und wie zuverlässig wir Aussagen treffen können, außerdem, wie Sie effizient und mit größtmöglicher Erfolgsquote suchen können.

Das ist der eine Teil, mit dem wir uns bemühen, alles vom Tier wahrzunehmen, was es über die Situation aussagen kann.

17.
Hilfe zur Selbsthilfe

Die absolut größere Erfolgschance ist:
dem Tier **Hilfe zur Selbsthilfe** zu geben!

Beim Kennenlernen des Tieres muss ich zunächst in der Kommunikation fühlen, ob es den Weg nach Hause zumindest in etwa kennt und ich es demzufolge auch auffordern kann, nach Hause zu gehen.

Bei Welpen, Kleinsthunden oder Wohnungskatzen wäre eher über eine Stationierung nachzudenken, um die Tiere nicht zu gefährden. Für diese Schatzis lesen Sie bitte weiter unter „Verloren“.

► Die Erklärung von Straßen

Dies ist bei allen Verlorenen eines der ersten und wichtigsten Themen, das ich bespreche. Ausgenommen hiervon sind nur sehr geübte langjährige Freigängerkatzen.

Oft werde ich gebeten, den Tieren zu vermitteln: „Gehe nicht über die Straße“ oder: „Sagen Sie meinem Tier, dass es beim Überqueren schauen soll, ob ein Auto kommt.“

Der erste Satz vermittelt einem Tier leider den gegenteiligen Sinn, denn Verneinungen kommen in der Kommunikation nicht an.

Ein kleiner Selbstversuch: Welches Bild kommt Ihnen in den Sinn, wenn Sie den Satz lesen: „Gehe nicht über die Straße.“?

Wahrscheinlich haben auch Sie das Bild vor Augen, wie ein Tier über die Straße huscht? – Und genau das kommt beim Tier an!

Das ist im Endeffekt so ähnlich wie „Denke nicht an das rosa Krokodil!“

„Schau ob, ein Auto kommt.“ ist auch nicht wirklich hilfreich, denn nur sehr geübte Freigänger haben ein Gefühl für die Geschwindigkeit der Fahrzeuge. Unerfahrene Katzen schauen, erkennen: „Kein Fahrzeug **hier.**“, also jetzt, in genau diesem Moment, an dieser Stelle, und laufen los, während ein Auto heranbraust.

Tiere können jede Erschütterung auch durch die Pfoten fühlen. Das mache ich mir zunutze und erkläre:

Nur darauf gehen und queren, wenn die Straße sich ruhig anfühlt. Wenn es unter den Tatzen vibriert, sofort weg, ganz viel Gefahr!

Diese Kurzfassung ist viel sinnvoller!

Außerdem durfte ich auch ein paar Individuen kennenlernen, die bewusst gelernt haben, den netten Nachbarn auszubremsen, um dafür Streicheleinheiten oder sogar auch ein Leckerli zu bekommen. Diese Kandidaten lernen durch den „Vibrationsalarm“, dass es auch andere Autos gibt, die nicht langsamer werden.

Selbstverständlich gibt es auch wieder die Geschichte dazu, in der ich das Gefühl hatte, dass meine „Vibriererklärung“ gar nicht ankommt und ich anders herangehen musste:

Abends um 20.00 Uhr im späten Herbst erreicht mich der Notruf, dass ein Stier abhandengekommen ist. Das einjährige Tier war von seinem Geburtsort mit dem Lastwagen zu seinem zukünftigen Zuhause transportiert worden. Ihn erwartet ein Leben als Zuchtstier mit eigener Kuhherde und im Sommer das Leben auf der Alm in den österreichischen Bergen. Es ist also einer der wenigen Glückspilze, dem etwas mehr bestimmt ist, als in Kürze als Schnitzel auf einem Teller zu landen.

Beim Ausladen ist er sehr unsicher und als es einen kleinen Tumult im Stall gibt, reißt er sich los und suchte das Weite.

Nicht nur, dass es ungeschickt ist, einen Stier frei laufen zu lassen, zu allem Überfluss ist auch noch eine Bundesstraße in der Nähe.

Das Stierchen zeigt mir gleich, dass er ganz in der Nähe ist, maximal vielleicht 500 Meter, nur die Straße links runter und dann daneben auf der Wiese, wo am Rand die Büsche und kleinen Bäume stehen. Das gibt ihm Schutz und er muss fressen, um sich zu beruhigen. Er zeigt mir Angst, Heimweh und Panik, mit großer Unsicherheit vor der fremden

Kuhherde und den Menschen. Ich versichere ihm, dass nichts passiert, was ihm schadet, und er sich seine neue Familie doch mal ansehen soll.

Der nächste Anruf bei mir nach zwei Stunden, nachdem mit der Taschenlampe die ganze Gegend im Finsteren abgesucht worden ist.

Der Stier zeigt mir, dass er wohl die Männer, Licht und Lärm sieht und hört, aber jedes Mal ins Dunkel ausweicht und nur seine Ruhe haben möchte. Er ist richtig gestresst und zittert.

So haben wir wohl keinen Erfolg und ich bitte darum, die Suchmannschaft zurückzuziehen, da ich unterdessen Angst habe, dass er beim Ausweichen eher in Gefahr ist, auf die Bundesstraße zu geraten, als wenn man ihn in Ruhe lässt. Ungern lassen sich die Männer darauf ein.

Ich erkläre dem Stier nochmals, dass das sein neues Zuhause ist, nachdem er nun ja erwachsen geworden ist, und er die Betreuung der Kuhdamen übernehmen soll. Ich bitte ihn darum, sich mit seiner neuen Familie bekannt zu machen. Ich versuche, mich zu erinnern an eine Zeit, als ich das letzte Mal im Kuhstall gestanden habe, und hole in mir all die Bilder, Geräusche, Gefühle hoch. Ich sende dem Stier den vertrauten Geruch im Stall, das Geräusch der fressenden und wiederkäuenden Kühe, den Geruch von Heu und Silage, das Geräusch der Melkmaschine, das friedliche Miteinander, wenn die Tiere von ihren Menschen betreut werden. Er reagiert sehr stark auf das Klappern von Eimern, er scheint das Locken mit Körnern zu kennen. Also bitte ich die Männer, das für ihn im Stall bei offener Tür zu tun. Außerdem binden sie noch eine nette Kuhlady vor der Stalltür an, damit er Kontakt knüpfen kann.

Ich habe das Gefühl, dass es an ihm vorbeigeht, dass die graue Schlange (Teerstraße) vibriert und dann gefährlich ist. Mein Gefühl ist vielmehr, dass er aufgrund seiner Größe und Stärke vor wenig Angst hat, außer vor Menschen, die ihm wehtun können. Eine Notwendigkeit, sich vor aus der Ferne kommenden Dingen – die dann sehr klein sind – zu schützen, sieht er nicht ein. Er will oder kann mit meiner Erklärung nichts anfangen. Also, die Straße ist gefährlich, aber wie soll ich das Wie und Warum formulieren, damit er weiß, was ich meine?

Da kommt mir eine Idee, die mir in Zukunft sehr helfen soll, das Thema gerade mit Weidetieren zu besprechen.

Kuhherden werden sehr häufig innerhalb von Elektrozäunen gehalten. Sie wissen, dass es bedeutet, einen Stromschlag zu bekommen, wenn diese Grenze berührt wird. Dieses Gefühl kenne auch ich gut genug; schon öfters habe ich den unfreiwilligen „Tester“ für die Zäune meiner Pferde gemacht und ordentlich eine auf die Finger und Fußknöchel bekommen.

Ich zeige dem Stierchen das „graue Band“ der Straße und das Gefühl, wenn es einen Fuß daraufsetzt, einen kleinen Stromschlag zu bekommen. Ich fühle, wie das Tier innerlich zurückweicht. Er hat verstanden. So können wir alle beruhigter abwarten, bis er selbst bereit ist, etwas anderes auszuprobieren, denn Alleinsein kennt er nicht und fühlt sich damit total überfordert.

Die Menschen ziehen sich zurück in den Stall, die brave Kuh steht davor und innerhalb einer Stunde ist der kleine/große Mann dort, wo er sein soll, und darf sich seine erste Verwöhn- und Willkommensportion Futter abholen.

Ein aufregender Abend ist zu Ende und ich bin sehr glücklich, dass diesem Tier noch ein schönes Leben bevorsteht.

▶ Abenteurer, Angsthasen, kleine Motzelchen und Schmoller

Hier hängt es sehr stark von dem Charakter der Tiere ab, was ich von ihnen erwarte, wie sie sich einbringen können.

Dem reinen Abenteurer mit viel Selbstbewusstsein halte ich meinen vorher erwähnten Vortrag über die Pflichten eines Haustieres schon etwas fordernder und mache auch klar, dass jetzt wirklich Zeit wäre, den Menschen wieder zu beruhigen und sich zumindest kurz sehen zu lassen. Letzteres bezieht sich auf Freigängerkatzen; Hundchen und Vögel sollten natürlich dann auch zu Hause bleiben.

Dann haben wir die Abenteurer mit viel Selbstbewusstsein, das aber leider wie ein Kartenhaus zusammenfällt, sobald unterwegs etwas passiert. Das kann die Begegnung mit einem Auto oder landwirtschaftlichen Maschinen sein oder auch Wildtieren wie Fuchs, Marder oder Waschbär, die von freundlich bis feindlich Angst gemacht haben. Aus dem

Wohlfühlbereich heraus mit nicht ausreichender Erfahrung kippt die Abenteuerlust dann schnell in Angst um.

Hier muss ich schon mit mehr Einfühlungsvermögen das Tier ermutigen, dass es einen guten Weg finden wird. Bei Katzen, manchmal auch bei Hunden, haben wir die Geistertiere, die sich tags immer verstecken und in Deckung sind. Höchstens nachts und in der Dämmerung huschen sie umher, um Wasser und Futter zu finden.

Ich versuche, zu ermutigen, und sofern das Tier die Richtung des Zuhauses weiß, möchte ich von dem Tier, dass es sich jede Nacht ein Stück weiter Richtung Heimat ein neues Versteck sucht. Also z. B. den nächsten Garten, den nächsten Feldweg in die richtige Richtung.

Das dauert dann zwar länger, aber es ist wichtig, das Tier am „Tun" zu halten, damit es sich nicht versteckt, resigniert oder verwildert und nur noch im Schatten lebt. Je mehr es sich bewegt und neue Verstecke findet, desto mutiger wird es, immer größere Strecken Richtung Heimat zu wandern.

Bei den Tieren, die eigene gute Gründe hatten, Abstand von zu Hause zu halten, versichere ich natürlich, dass ich verstanden habe, warum zu Hause etwas nicht in Ordnung war oder ist, dass ich das ihren Menschen auch erklärt habe und was zur Änderung für die Zukunft besprochen wurde.

Sei es mehr Zuwendung, Bescheid sagen, wenn der Mensch länger nicht nach Hause kommt, ein neuer Artgenosse einzieht oder mehr einbeziehen in das normale Haushaltsgeschehen.

Ich erkläre den Tieren, dass es jetzt an ihnen ist, auch auf ihren Menschen zuzugehen, und sie sich freuen könnten, wie bemüht ihr Mensch ist, dass sich jeder im Haus wohlfühlt.

Nach Absprache mit ihrem Menschen vereinbare ich mit vielen Tieren, wie sie sich zu Hause ausdrücken können, wenn etwas nicht in Ordnung ist, damit zeitiger darüber nachgedacht – oder auch über mich kommuniziert – wird, bevor sie zu so drastischen Maßnahmen wie wegbleiben oder davonlaufen greifen.

▶ Festhänger draußen und in Fremdwohnungen

Ob geistig oder real limitiert erkläre ich ihnen, dass sie sich selbst helfen müssen. Nochmals versuchen, hochzuspringen, und dass sie das können, nochmals zappeln und sich mit den Krallen festhalten, um durch den Zaun zu kommen. Auch mal rückwärts laufen müssen, um aus dem Loch oder unter dem Schuppen wieder rauszukommen.

Es gibt durchaus Tiere, die einmal probieren und dann sofort aufgeben, sitzen bleiben und warten, dass Mensch hilft. Klappt zu Hause schließlich auch und sie können fühlen, dass ihr Mensch bereits im „Rettungsstatus" ist, sprich, sich verantwortlich fühlt, sie zu finden. Die Tiere müssen verstehen, dass der Mensch gerne unterstützt, aber sie nicht in versteckten Ecken finden kann, und es ihre eigene Aufgabe ist, sich zu befreien und/oder aufzuzeigen.

Den ganz Schüchternen erkläre ich, dass nachts fast keine Menschen mehr unterwegs sind und wenige Autos. Dass sie immer warten sollen, bis sie niemanden mehr sehen und die Straße ruhig ist.

!!! Ich erzähle ihnen das reinste Hochlob auf ihren Körper, wie geschmeidig und toll sie sind. Welche athletischen Möglichkeiten sie haben!

Das brachte schon manchen nach kurzer Zeit mit strahlendem Gesicht nach Hause.

Bei all diesen Schatzis gehört ganz zwingend noch die später beschriebene geistige Körperarbeit mit dazu!

Ich muss mich nochmals wiederholen, ob mit Absicht in Fremdwohnungen festgehalten oder irgendwo festsitzend, ist es so

!!!! wichtig, zu „erlauben", unhöflich zu sein.

Wir haben ihnen verboten, an Türen zu kratzen, Gardinen hochzuklettern oder Aufstand zu bellen oder zu miauen, um etwas zu wollen. In Not möchten manche dann „ganz lieb" sein – denn Ärger haben sie schon genug und trauen sich nicht, Krawall zu machen, damit man sie findet, oder bringen nicht mehr als einen vorsichtigen Maunzer zustande.

Viele verstehen, dass es an der Zeit ist, laut zu sein, und schwuppdiwupp merkt die Nachbarin, dass in der Garage irgendwelche komischen Geräusche sind.

► Verloren, transportiert, entfleucht und keine Ahnung, wo

Wenn das Tier natürlich selbst nicht weiß, wo es ist, kann ich es schlecht zurückbitten.

Mancher Youngster verliert vor lauter Abenteuerlust die Orientierung, ist entweder selbst aus seinem Gebiet herausgelaufen oder wurde transportiert.

Hierzu gehören auch die Transportkistenknacker beim Tierarztbesuch. Denn zu der Tierarztpraxis werden sie garantiert nicht zurückkommen!

Hier brauchen wir schnellstmögliche Sichtmeldungen und Standorttreue des Tieres.

Ich ermutige die Tiere, sofern nicht schon geschehen, in die Nähe von menschlichen Bebauungen zu gehen oder zumindest Ausschau nach Wegen zu halten, wo öfters Menschen laufen. Ich bitte sie, sich anzuschließen.

Vorher aber fühle ich mich gut in den prinzipiellen Charakter des Tieres und sein Verhalten draußen ein.

Wichtig ist, das Tier nicht zu überfordern. Es ist nutzlos, von einem sehr scheuen Vertreter zu erwarten, dass er sich einem Menschen anschließt und seine Not zeigt. In diesem Fall versuche ich eher, dem Tier zu zeigen, dass es sich sehen lassen muss, seine Not zeigen, aber Sicherheitsabstand einhalten kann, damit man es nicht greifen könnte.

Ich zeige, wie sie sich z. B. auf einer Veranda einfinden, sich durch das Fenster vom Menschen sehen lassen können, und wenn die Tür aufgeht, zurückzuweichen und das so lange zu machen, bis etwas Futter kommt. Ich ermutige das Tier, ein Fensterbrett oder einen Gartenstuhl als Schlafplatz auszusuchen. Ich zeige, wie Kompost im Garten aussieht und dass man da manchmal etwas findet. Wenn in der Region vorhanden, dem

Geruch eines Bauernhofes folgen und dort bei Fütterungen schauen, ob etwas abfällt, und sich nur kurz vom Menschen sehen zu lassen.

Hier können wir nur hoffen, dass die Menschen achtsam sind, wenn ständig das gleiche fremde Tier nach Futter sucht, und es melden. Denn diese Schatzis werden sich zum Auslesen des Chips erst mal nicht anfassen lassen.

Mutigeren Vertretern der Spezies zeige ich, wie sie Menschen anmiauen oder leise winseln können, ihnen nachlaufen und sie, ob auf der Straße oder im Garten, begleiten.

Ich zeige ihnen, dass sie fühlen sollen, ob die Menschen eine gute, nette Energie haben, und wenn sie so einen Menschen gefunden haben und er freundlich auf sie schaut, sich immer enger anschließen sollen.

Den Hundchen zeige ich zusätzlich, dass sie sich in der Nähe eines Hundegassi Weges aufhalten können und wenn ein Spaziergänger mit Hund kommt, sich dem Hundchen zu nähern, damit er gesehen wird – und wenn sie sich trauen, dann einfach mitgehen bzw. in Abstand folgen.

Es ist immer ein ungewisses Spiel, ob jemand auf die Idee kommt, den Chip auszulesen, oder das Tierheim etc. benachrichtigt oder nicht. Aber andere Chancen haben wir nicht.

Sehr häufig, sofern die Tiere nicht zu weit weg waren, konnten durch diese Sichtungsmeldungen auch bei scheuen Tieren die Wege nachvollzogen werden.

Viele Flyer helfen bei einem noch schnelleren Zuordnen.

Nach einer Ortung wird unterschiedlich zu beurteilen sein, ob die Tiere eventuell ihren Menschen erkennen und auf ihn zugehen, eine Futterstelle eingerichtet werden muss, um sie zuverlässig standorttreu zu halten, oder im absoluten Notfall eine Lebendfalle oder ein Betäubungsgewehr zum Einsatz kommt.

Die Tiere sind immer frei, die Möglichkeiten anzunehmen oder eben nicht den Mut aufzubringen. Auch sind leider die Risiken bei nicht gekennzeichneten Tieren sehr hoch, dass sie sich anschließen und nicht der Mensch dazu gefunden wird.

Ich bitte immer darum, mich nach jeder „zuverlässigen“ Sichtung anzurufen. Dann nehme ich mit dem Tier wieder Kontakt auf, lobe es, zeige ihm nochmals den Ort, an dem es gesichtet wurde, und dass das ein guter Ort ist und sein Mensch dahin kommt.

Hier ist Kooperation mit dem Menschen zum Tier und dem Menschen, der das Tier gesehen hat, gefragt.

Ich bekomme häufig die nette Idee: Frau Jaeger, sagen Sie dem Tier doch, es soll dorthin gehen, wo es gesehen wurde.

Fakt ist aber: Das Tier kann meist gar nicht wissen, wer es wo gesehen und bei Ihnen angerufen hat. Oder wissen Sie immer, wer aus Ihrem Dorf Sie heute beobachtet hat, als Sie auf die Arbeit gefahren sind und dann dem nächsten Nachbar erzählt hat, dass Sie eine neue Frisur haben?

Wir müssen es also an etwas festmachen: da, wo der Futternapf stand, der graue Schäferhund im Garten war, die Frau mit dem Plastiktütchen kam und die Leckerlis gab oder, oder, oder.

In besonderen Fällen müssen wir uns mit „standorttreu" im Sinne von „in der gleichen Region bleiben" begnügen.

Einer Dame fiel bei einem längeren Besuch in einer Großstadt bei ihrer Freundin der Käfig ihres mitgebrachten Wellensittichs herunter, als sie diesen vom Auto zur Haustür tragen wollte. Der Boden löste sich und Vögelchen war weg.

Das Zwitscherchen konnte mir aus Luftperspektive zeigen, dass es über zwei Dächer breitseits geflogen war und dann dort ein großer grüner Fleck mit vielen Bäumen war, wo es landete. Da würden viele schwarze Vögel in seiner Größe sitzen, die wären ihm aber etwas unheimlich und er wolle nach Hause. Ich redete ihm gut zu, wie spannend es sei, diese Vögel zu beobachten und dass die wüssten, wie man da sicher ist. Er solle immer im Baum mit viel Grün sitzen bleiben und den Schwarzen zuschauen, bis Mutti komme und ihn hole.

Also schickte ich die gute Frau schnell zur Freundin und nach einem Stadtplan (der Fall ereignete sich vor Google Earth!). Es kamen nur zwei Parkanlagen infrage (ich hielt kurz die Luft an und hatte Angst, dass jedes bisschen Grün für ihn viel sein musste). Zum Glück war es ein Park zwei Parallelstraßen weiter, zudem war der kleine Piepmatz handzahm und froh, wieder in seinen sicheren Käfig zu können.

▶ Jägerleins

Hier kann natürlich alles und nichts zutreffen. Sind sie im Umfeld ihres Zuhauses und haben so einen Spaß, muss ich schon manchmal länger bitten, bis sie wieder dem Heimweg unter die Pfoten nehmen.

Viele Tierfreunde nehmen ihre Schatzis mit ins Auto und fahren zu besonderen Plätzen, an denen ein schöner Gassigang möglich ist.

Wenn die Tiere noch Orientierung haben, versuche ich natürlich, sie zu dem Parkplatz zurückzubekommen, die Menschen dazu erst mal zu beruhigen und vor allem ganze Suchmannschaften in Wald und Feld zu verhindern, die meist das Tier noch weiter wegtreiben.

Viel Ruhe, Durchatmen und am Parkplatz etwas nach Mensch Riechendes oder eine Hundedecke und Futter hinterlassen helfen oft und Hundchen sitzt dann vorwurfsvoll und wartet, dass er bitte abgeholt wird.

Hat Hundchen natürlich keine Ahnung mehr, wo er ist, gilt das gleiche Prozedere wie bei „verloren". Ich ermutige dazu, möglichst eine Menschensiedlung oder Spazierwege zu suchen und sich sehen zu lassen, natürlich inklusive der großen Warnung vor den Straßen.

Die Entfernungen einzuschätzen ist hier leider schwer bis oft unmöglich. Im Eifer rennt das Tier eben mal kurz und ist schon 10 km entfernt. Da muss wieder mein Bauchgefühl herhalten.

Ich erinnere mich in diesem Zusammenhang an die Suche nach einer Jagdhündin. Sie erzählte mir genau, wie es dort aussah, wo sie weggelaufen war, und erklärte mir ebenfalls die Richtung mit einer für die Gegend charakteristischen Senke, durch die sie hindurchgelaufen war.

Einen Tag nach der Kommunikation schloss sie sich einer Frau mit drei Hunden an und konnte dank ihres Chips direkt wieder ihrem Menschen zugeführt werden.

Die Entfernung betrug ganze 60 km. Und das Tier war nur zwei Tage unterwegs gewesen!

Obwohl ich selten bei Suchen aus meiner Ruhe zu bringen bin, gibt es hier Ausnahmen, die auch an mein Nervenkostüm gehen. Sei es, dass der Hund eventuell seinem Menschen die Leine aus der Hand gerissen hat oder, was ich leider sehr häufig habe, Hunde mit Flexileine oder unter anderem auch Jäger mit langer Schleppleine.

Wenn sich die Schatzis mit der Ausrüstung im Wald verfangen und je länger und stabiler die Leine, desto größer die Wahrscheinlichkeit, dass sie sich festhängen, meist abseits der Wege, und sich nicht selbst befreien können.

Je nach Größe des Waldes und Witterung wie Hochsommer und regenarmer Zeit läuft dem Hundeschatz die Zeit davon.

Wenn ich fühle, dass das Tier sich irgendwie festgehängt, rate ich oft dazu, direkt noch einen Petfinder (wie bereits zu Beginn dieses Buches beschrieben) zu beauftragen.

Außerdem bekommen die Tiere auch die Idee, zu fühlen, wenn menschliche Energie in der Nähe ist, und Laut zu geben, um ihre Not anzuzeigen.

▶ Hundchen mit im Urlaub

Und auch wenn ich weiß, dass ich durch meine Tätigkeit ab und an schon eine Paranoia entwickle:

Eine Bitte vorsichtshalber an alle, die in Urlaub ins Gebirge mit ihrem „noch so braven, bei ihnen bleibenden Hund mit ab und zu jagen, wenn das Reh direkt vor ihm steht", fahren. Bitte lasst ihn an der Leine!

Ich hatte schon einige Schatzis, die im Jagdeifer den Abhang nicht sahen und abgestürzt sind. Da hilft es auch nichts, wenn er normalerweise nach wenigen Minuten zurückkommen würde!

Die Tiere sind Berge mit ihren Tücken und Abhängen und Geröllhalden nicht gewöhnt und kommen so schnell in Bedrängnis. Im größten Teil von Deutschland sind wir nicht mit Wegen und Hängen im Umgang, wo von jetzt auf gleich der Boden aufhört und es viele Meter nach unten geht. Viele an Feld- und Wiesenwege gewöhnte Hundchen sind auch mit den Felsbrocken überfordert, gerade beim Rennen über Stock und Stein, und verrenken oder brechen sich die dünnen Beine, und liegen dann hilflos in irgendwelchen Hängen oder Schluchten, die ein normaler Wanderer gar nicht betreten und erklettern kann.

In diesen Fällen versuche ich, ein „Bellophon“ einzurichten, sofern ich das Gefühl habe, dass das Tier noch aktionsfähig ist. Ich bitte das Tier, in Abständen immer wieder zu bellen, damit es geortet werden kann. Dem Tier versuche ich situationsabhängig ein Zeitgefühl von – je nach Umständen – 15–30 Minuten zu geben und bitte, in dieser Regelmäßigkeit laut zu sein.

Das hat mir schon bei zwei Hunden in schwedischen Wäldern und bei einem Hundchen in kanadischer Endlosigkeit geholfen. Das ist aber natürlich nur in menschenleeren, ruhigen Regionen sinnvoll.

Manchmal hat man dann einfach Glück und alles trifft zusammen. Das Tier versteht, bellt und wird auch gehört.

Ansonsten kann ich nur versuchen, den Laufweg zu fühlen. Manchmal bietet es sich auch an, dem Tier wieder Hilfe zur Selbsthilfe zu geben. Sei es, dass ich einen Hund bitte, nicht nach seinem Menschen auf dem Berg zu suchen, sondern immer nach unten zu gehen, bis er wieder Häuser sieht, und ihm zu versichern, dass dort jeder Bescheid weiß und seinen Menschen holt.

Andere bitte ich, das Wasser zu riechen und den Bach entlangzulaufen, bis sie auf Bebauung treffen oder was eben sonst die örtlichen Gegebenheiten sind.

Ich lasse die Tiere wissen, wie lange ihr Mensch in dieser Region sein wird und dass es ganz wichtig ist, vor der Abreise des Menschen etwas zu unternehmen.

Einem Kätzchen, das aus einer Ferienberghütte entwischt war, konnte ich so überzeugend nahebringen, dass seine Menschen am nächsten Tag abreisen, dass es pünktlich unter dem Auto saß, um nicht vergessen zu werden.

Auch Urlaub am Meer hat seine Tücken. Bitte behalten Sie Ihr Tier wirklich im Auge. Es riecht so lecker – wenn vielleicht auch nicht nach Maus, aber eventuell nach einem mit Sand bedeckten Stück Tang, nach Muscheln, Fischresten etc. Im Sand buddelt es sich so schnell und tief. Allerdings kann eine Sandhöhle auch einstürzen und den Hund begraben! So verlor ich leider einmal einen kleinen Beagle, dessen Körper fast vollständig unter Sand begraben war und der sich nicht mehr selbst befreien konnte. Bis er gefunden werden konnte, war es schon zu spät.

► Wohnungskatzen

Vom offenen Fenster bis zum unvorsichtigen Besuch, der eine Türe offen lässt: Viele Möglichkeiten nutzen diese Schatzis zu einem Ausflug und sind dann meist schnell überfordert.

Die gute Nachricht: Häufig sind sie innerhalb des Hauses unterwegs von Keller bis Dachstuhl, aber auch schon im Fahrstuhlschacht habe ich eine Katze gefunden, wie auch immer sie dort hineingekommen sein mag.

Wenn dann allerdings die letzte Barriere überwunden wurde und sie wirklich in der großen Freiheit sind, fängt die absolute Überforderung an. Tendenziell neigen diese Tiere dazu, in Richtung unsichtbar zu gehen.

Die erste Deckung finden sie meist unter geparkten Autos – bis sie merken, dass diese gefährlich und laut sind. Wenn man also schnell ist und direkt nach dem Ausbruch unter Autos schaut, ist der Ausflug oft schnell wieder beendet.

Dann ziehen sie sich oft in Büsche zurück und es bleibt wieder nur die Taschenlampenmethode im Dunkeln. In größeren Städten sind auch die Kästen/Container für die Abfalltonnen sehr beliebt.

Häufig sind sie in einem kleineren Umkreis um das Haus herum und bleiben dort auch. Allerdings komplett verängstigt und da kann ich oft nur gut zureden, dass sie sich zumindest kurz sehen lassen, damit ihr Mensch benachrichtigt werden kann.

Hier brauchen wir wieder die fleißigen Flyerkleber; die Flyer sollten möglichst auch noch in alle umliegenden Briefkästen direkt eingeworfen werden. Viele Menschen gehen heutzutage im häuslichen Umfeld überhaupt nicht mehr spazieren und kommen und gehen nur mit dem Auto. Aufgehängte Flyer an Bäumen werden sie also nicht erreichen!

Einige dieser Schatzis neigen allerdings dazu, nach gewisser Zeit, gerade in größeren Dörfern oder Städten, die Straßen nachts, wenn Ruhe ist, abzulaufen, in der Hoffnung, die richtige Tür wiederzufinden, und sind dann dabei, sich richtig zu verirren.

Da kann ich auch nur wieder die Tiere bitten, sich jemandem anzuschließen in der Hoffnung, eine Sichtungsmeldung zu bekommen.

Nachdem diese Tiere häufig draußen sehr scheu und zu wenigem zu überreden sind, ist schnelles „Dransein“ das Wichtigste, um noch die Chance zu haben, sie in der Nähe der Wohnung zu finden.

Gerade in den Situationen höre ich dann immer nur sehr ungern: Nein, mein Tier ist nicht gekennzeichnet, es ist doch eine reine Wohnungskatze.

Natürlich wollen wir das Tierchen erst mal wieder nach Hause bringen, dann ist aber meine große Bitte, direkt um eine Kennzeichnung und Registrierung besorgt zu sein!

► Balkonabstürzer

Gehören meist mit in die Kategorie der Wohnungskatzen, mit leider dem elementaren Nachteil, dass Verletzungen eine Rolle spielen können.

Natürlich fühle ich auch hier den Körper des Tieres, um Verletzungen zu erspüren. Die Tiere sind aber häufig so geschockt, dass sie das Körperliche komplett ausblenden – bzw. es natürlich auch eine Schutzreaktion des Körpers ist, voller Adrenalin gepumpt erst mal zu überleben –, und ich nicht sagen kann, ob das Tier verletzt ist oder nicht.

Das ist aber eigentlich auch nicht so wichtig, denn wenn wir das Tier nicht finden, kann man ja ohnehin nicht helfen. Außerdem ist ein Mensch, dem ich sage, dass das Tier schwer verletzt ist, kaum in Ruhe zu bekommen und nicht in der Lage, eine zuversichtliche helfende Ausstrahlung zu haben.

Bei nicht ganz so schweren Fällen, in diesem Fall einem Sturz aus dem 1. Stock konnte, einer Dame schon meine einfache Beschreibung auf meiner Website helfen. Die Frau visualisierte einen bestimmten geschützten Bereich unterhalb des Balkons, auf den Mensch und Tier zugehen und sich treffen. Bereits kurze Zeit danach kam der Kater vorsichtig angepirscht und ließ sich erleichtert retten.

Im Endeffekt können wir uns bei Balkonabstürzern, wie vorher bei den Wohnungskatzen beschrieben, annähern, müssen aber häufiger damit klarkommen, dass die Tiere nicht bereit sind, ihre Deckung zu verlassen, und noch mehr „ruhige“ Schnelligkeit, Ausdauer und Taschenlampeneinsatz von Ihnen gefragt sind.

Ich kann an dieser Stelle nur auch wieder betonen:

Bitte, bitte sichert eure Balkone! Es ging so oft gut bis zu dem berühmten Tag X, als das Tier erschrak oder der Vogel doch zu nahe vorbeigeflogen ist.

Diese Fälle sind öfters auf meinem Schreibtisch, als Sie sich vorstellen können, wenn Ihr eleganter Panther übers Balkongeländer balanciert. Die meisten Tiere haben schon jahrelang so gelebt, ohne dass es Vorkommnisse gab, und doch ist eines Tages die Katastrophe passiert.

▶ Baumkatzen

Gehört hat man es schon öfters, aber wenn es einem selbst passiert, ist manchmal guter Rat teuer. Ich rede den Tieren wieder gut zu, lobe die körperlichen Möglichkeiten und zeige vor allem, wie eine Katze rückwärts heruntersteigen kann und welchen ausgezeichneten Halt die Krallen geben. Einige lassen sich damit beruhigen und ermutigen.

Wenn die Angst aber zu groß ist, dann bleibt mir nichts anderes übrig, als mit dem Menschen zu besprechen, was wir als Hilfe organisieren können, und dem Tier dann alle Maßnahmen zu erklären.

Ist die vermisste Katze auf den Baum geflüchtet und traut sich alleine nicht mehr herunter, wird vielleicht die eigene Leiter nicht ausreichend sein. Dann muss die Feuerwehr helfend eingreifen. Sollte diese ihr Gerät nicht positionieren können, weil zu wenig Stellfläche für die Fahrzeuge oder gar kein Heranfahren möglich ist, dann würde als nächster Plan ein Baumsteiger aufgerufen. Der ist meist über Landschaftsgärtner zu finden, die ihre Leute für schwierige Baumfällungen kennen.

Nachdem aber die meisten Schatzis nicht gemütlich warten, bis der fremde Mann bei ihnen ist, und sich nicht greifen lassen, bleibt nur das Angebot eines Körbchens, in das sie umsteigen können.

Wenn auch das nicht fruchtet, sondern das Tier noch weiter hoch in den Baum oder auf dünne Außenäste ausweicht, brauchen Sie ein starkes Fangnetz mit langem Stiel. Damit kann der Baumsteiger nach oben oder zur Seite arbeiten und dem Tier passiert nichts, wenn es in das Netz hineinfällt. Außerdem ist der Mensch sicher, denn keiner mag ein wild um sich beißendes und kratzendes Kätzchen vor seinem Gesicht oder am

Arm haben, und das noch in luftiger Höhe. Diese stabilen Fangnetze können meist über Tierheime organisiert werden.

Bitte bei jedem gut gemeinten Rettungswillen immer auch an die Sicherheit der Menschen denken!

In manchen Gegenden gibt es auch Berufstierrettungen, die zusätzlich über „Sprungtücher“ verfügen, um einen eventuellen Absturz zu mildern.

► Der Umzug

Gerade bei Katzen ist die Wahrscheinlichkeit sehr hoch, dass die Schatzis weg sind.

Vorab will ich sagen, dass man 20 Leute fragen kann und dann bestimmt 30 Meinungen hat, wann der beste Zeitpunkt ist, die Katze wieder in den Freilauf zu lassen.

Auch ich kann nur meine Meinung sagen, denn naturgemäß kommen bei mir die Schatzis ins Bewusstsein, wo es höllisch schiefgegangen ist. Die Tausende Male, in denen ein neues Revier angenommen wurde und die Tiere genauso zuverlässig wieder zurückkommen, werden bei mir nicht anrufen.

Meist ist der Ablauf – egal nach wie langer Zeit Sie Ihr Tier nach draußen lassen – gleich, wenn es verschwindet: Das Tier bleibt ungefähr eine Woche vor der Haustür oder im nahen Bereich, Ihre Achtsamkeit lässt nach, Sie glauben, es hat sich eingewöhnt, und genau dann ist dieser eine kurze Moment, wo Sie mal nicht nachschauen, und das Tier ist weg.

Die meisten Schatzis bleiben in der Nähe des Aus-/Einganges und betrachten sich das neue Umfeld. Nachdem sie sich nicht auskennen, bleiben sie in Reichweite der Tür, von der sie wissen, dass dahinter ihr Reich und ihr Mensch sind, der Sicherheit und Ruhe verspricht. Haben sie das lange genug beobachtet, dann werden sie mutiger und möchten die weitere Umgebung erkunden.

Solange nichts passiert, kommen sie auch zuverlässig wieder. Da sie das Gebiet aber nicht kennen, braucht es nur ein Ereignis zu sein – ob echte Gefahr oder nicht, also z. B. auch ein ungewohntes Geräusch oder ein aufspringender Hund hinter einem Zaun – und sie gehen in den Fluchtmodus. Fühlen sich unsere Neugierigen jetzt von dem einzig bekannten direkten Nachhauseweg abgeschnitten, müssen sie in fremdes Gebiet rennen, um eine sichere Versteckmöglichkeit zu finden.

War das Tier lange genug im neuen Zuhause, konnte es seinen inneren Kompass darauf einstellen und das legendäre Heimfindevermögen der Tiere ist meistens „online“ und von Erfolg (das ist aber leider nicht bei jedem Tier eingebaut; ich befürchte, da muss ich sagen, gibt es genauso Schussel, Orientierungslose und Verirrkünstler wie bei Menschen auch).

Wurden die Tiere aber zu früh rausgelassen, dann fehlt die Ortung so gut wie immer und auch eine Katze weiß einfach nicht mehr, wo sie ist, und fühlt sich nicht anders, als hätte man Sie in einer fremden Stadt losgeschickt und Sie finden Ihr Hotel oder Ihren Parkplatz nicht mehr. Nur dass das Tier niemanden fragen kann und im Verstecken meist die einzige Sicherheit sieht.

Dazu kommt, dass die vermeintliche Gefahr ja meist dann genau in der Richtung lauert, in die das Tier laufen müsste, um die richtige Haustür wiederzufinden, also der Rückweg versperrt oder sehr gefährlich ist.

Die gute Nachricht ist, dass die meisten Tiere keine Lust auf weitere Abenteuer haben, sich in kleineren Kreisen bewegen, im Umfeld bleiben und sich Verstecke suchen.

Die schlechte Nachricht ist: Wenn eine Katze unsichtbar sein will, wird sie auch nicht gesehen, oder einige haben noch das vorherige Zuhause einprogrammiert und machen sich auf den Weg dorthin. Je weiter das entfernt ist, desto unwahrscheinlicher ist es leider, dass sie dort ankommen.

Um einen schnellen Ansatz zu haben, möchte ich gerne von Ihnen als Mensch wissen, seit wann Sie umgezogen sind, wie schnell das Tier hinausdurfte und wie weit weg das alte Zuhause ist.

Nahumzüge

Gerade bei Wohnungswechsel im gleichen Ort, ein paar Straßen oder Häuser weiter findet sich Ihr Tierfreund häufig wieder in seinem alten Revier ein. Eventuell würde er sogar nach Hause finden, aber die Hemmschwelle, das „eigene" Revier wieder zu verlassen, um durch möglicherweise von anderen Tieren belegte Reviere ins neue Zuhause zurückzugehen, ist zu groß.

Ich hoffe, Sie hatten freundliche Nachbarn, die mit Ausschau halten nach dem Zurückkehrer.

Leider bestehen gerade bei Nahumzügen manche Kätzchen darauf, im alten Revier zu bleiben, und gehen immer wieder zurück und müssen geholt werden. Nach dem dritten bis vierten Mal nehmen die meisten das neue Zuhause aber an.

Ich gebe alles, um den Katzen die Vorzüge des neuen Reviers mit den eigenen Menschen und Versorgung und Zuneigung schmackhaft zu machen. Den Willen, oder sagen wir ruhig auch einmal Eigensinn, kann ich jedoch nicht ändern.

Eventuell war die Eingewöhnungsphase zu kurz und Sie müssen nochmals länger Hausarrest verordnen.

Selten ist sozusagen Dickschädel gegen Dickschädel erfolgreich – aber bitte wirklich nur im absoluten Notfall als letztes Mittel! Das heißt Katze im Haus lassen – bitte mit viel Bespaßung! –, bis mal ganz schlechtes Wetter ist, und dann rauslassen. Die alte Nachbarschaft bitten, weder zu füttern noch das Tier ins Trockene/Warme zu lassen. Ab einer gewissen Menge an Unannehmlichkeiten erinnert man sich dann doch vielleicht an die neue Tür. Nachdem die meisten Abenteurer jedoch im angestammten Revier auch Notunterschlüpfe haben, sitzen das viele aus. Da auf Erfolg zu hoffen, wenn Nachbars Scheune oder Gartenhäuschen offen steht, ist also sinnlos. Manchmal, so weh es tut, muss man einsehen, dass das Tier nicht mit umziehen möchte, und muss versuchen, in der alten Nachbarschaft jemanden zu finden, der füttert und eventuell auch die Wohnung öffnet.

Fernumzüge

Als Erstes versuche ich wieder, die Seite des Tieres zu verstehen. Kennt es den Nachhauseweg nicht oder gibt es Gründe, dass es sich nicht traut oder auch nicht will? Vielleicht können wir da erklären und ermutigen.

Ich fühle ob, wir hier einen „Umkreis-Verstecker" haben oder einen Wanderer.

► Die Verstecker

Ist das Tier nicht so weit gelaufen, kann ich mich wieder bemühen, über Umfeld, Geräusche, Gerüche etc. die Richtung zu finden. Das Tier ermutigen, sich zumindest sehen zu lassen, wie z. B. an Fenstern zu betteln und sich zurückzuziehen, wenn sie geöffnet werden.

Das habe ich alles bereits in vorherigen Kapiteln beschrieben. Priorität haben Standorttreue, Sicherheit und Sichtungen zu bekommen.

Außerdem bekommt jetzt der Mensch außer Anbieten (erinnern Sie sich bitte daran, dass ein „Haben-Wollen" als bedrohlich empfunden werden kann und jede Ausschau nach dem Tier die Ausstrahlung einen sanften „Ich würde dir anbieten, behilflich zu sein" haben sollte) und Taschenlampengängen noch eine Zusatzaufgabe.

Wenn Sie von Ihren Gängen zum Plakatieren oder Suchen zu Ihrem neuen Zuhause zurückkommen, also wieder auf Ihr Haus zulaufen, dann fangen Sie sehr bewusst bitte schon (je nach örtlicher Gegebenheit) rechtzeitig an, die Umgebung wahrzunehmen, und sprechen Sie Ihre Wahrnehmungen leise vor sich hin.

Also z. B. so: Ich laufe jetzt zum Haus und sehe rechts eine Wiese mit drei Bäumen, links steht ein weißes Haus mit vielen roten Blumen vor der Tür und mit drei Fenstern übereinander. Im nächsten Haus linker Hand höre ich Kinder spielen. Da steht ein großes grünes Auto in der Einfahrt und ein kleiner brauner zotteliger Hund ist sicher hinter dem Zaun und schaut mich an.

Das machen Sie, bis Sie vor Ihrem neuen Zuhause angekommen sind. Dann fangen Sie wieder an, alles von Ihrem neuen Haus wahrzunehmen und auszusprechen. Beginnen Sie immer mit den Dingen auf Höhe des

Tieres. Also wie der Zaun des neuen Zuhauses aussieht, welche Blümchen, Bäume, Schmuckgegenstände vorhanden sind, Farbe und Form der Haustür oder Treppen. Achten Sie auf Geräusche, die zu hören sind, z. B. das charakteristische Quietschen Ihres neuen Garagentors, oder auch auf Gerüche.

Dann gehen Sie Stück für Stück höher und schauen das ganze Haus an, die Form, Farbe, Fenster, Dachform, Nebengebäude etc.

Sie können gerne, so oft Sie am Tag Zeit haben, mindestens aber drei Mal am Tag, vor die Haustür gehen, sich umdrehen und Ihr Haus beschreiben. Wenn Sie das leise vor sich hin murmeln, hilft Ihnen das, sich besser zu konzentrieren. Dadurch übernehmen Sie die fokussierten Bilder, Geräusche, Gerüche in Ihre inneren Bilder, die Ihr Tier ebenfalls wahrnehmen kann, denn Sie sind immer mit Ihrem Tier verbunden.

Durch diese – ja, ich weiß, etwas merkwürdige – Übung besteht zum einen die kleine Chance, dass Ihr Tier davon etwas aufnimmt und sich besser orientieren kann. Dass Ihrem Tier klar ist, dass es nicht Ihr Job ist, das Schätzchen zu finden, sondern es selbst mutig sein muss, um die Situation in Bewegung zu bringen und möglichst alleine wieder zur richtigen Tür zurückkommen soll.

Außerdem stärken Sie damit die eigene energetische Verbundenheit zu Ihrem neuen Umfeld, was mehr Klarheit in die Richtigkeit dieses neuen Reviers gibt und dem Tier zeigt, dass Sie es jetzt angenommen haben, als sicher empfinden und dort der neue Geborgenheitsort ist.

Silvia, eine kleine Katzenlady, war am zweiten Tag nach dem Einzug durch eine Ungeschicklichkeit entfleucht. Das in einem eher vorstädtischen Ambiente mit Haus an Haus, wo ich keine markanten Punkte in ihrem Umherirren erfassen konnte. Allerdings schien sie noch in relativer Nähe zu sein und bemühte sich um eine Lösung.

Der Dame gab ich die Hausaufgabe, ihr Haus so oft und so genau wie möglich zu beschreiben. Wenige Tage später rief sie mich an, dass Silvia mit größerer Wahrscheinlichkeit an einem Kindergarten in der Nähe gesehen wurde. In einem kleinen Nebensatz erwähnte sie dann, dass das leider der falsche war, denn sie hätten auch einen in unmittelbarer Nähe zum Haus.

Bingo, somit brauchte ich das Kätzchen nur zu loben, wie toll sie das gemacht habe, und ihr zu sagen, dass es noch so ein Haus mit genau dieser Geräuschkulisse gebe und ob sie das finden könne. Als routinierte Freigängerkatze konnte ich das von ihr verlangen, ohne dass das Risiko zu hoch gewesen wäre.

Am nächsten Tag war sie wieder da.

Natürlich versäume ich auch hier nicht, die Tiere zu bitten, um Hilfe bei Menschen aufzuzeigen. Vor allem, wenn die Tiere gechippt und registriert sind, gebe ich die Ideen von Fensterbank bis Terrassentür, um eine liebe helfende Hand zu finden.

► Die Wanderer

Habe ich das Gefühl, dass die Tiere „Strecke" laufen, kann das natürlich genauso gut im Kreis sein und die Tiere trotzdem nicht weit weg, also würde ich nie das Erstere vernachlässigen wollen. Ich setze also nicht automatisch voraus, dass ein Tier, das viel gelaufen ist, kilometerweit weg sein muss. Durchaus ist seine Anwesenheit in näherer Umgebung möglich.

Manchmal ist es aber sehr klar, dass es schnurgerade und „weg" geht oder sogar ein Weg beschrieben wird durch bebautes Gebiet oder Feld und Flur.

Manche sagen direkt, dass sie nach Hause gehen (und damit meinen sie das alte, angestammte Zuhause) und manchmal habe ich dazu das Gefühl, dass sie wissen, was sie tun, manchmal aber auch, dass es mehr ums Laufen geht bzw. darum, weg von dem unbekannten schrecklichen Ort zu kommen, der sie ängstigt, sie aber nicht wirklich wissen, wo die alte Heimat liegt.

Kann mir das Tier Dinge sagen, die mir helfen, die Himmelsrichtung seiner Bewegung zu bestimmen, hat sich schon oft herausgestellt, dass sich das Tier wirklich in der richtigen Richtung zu seiner alten Heimat befindet. Bei sehr weiten Strecken habe ich bis jetzt noch selten erleben dürfen, dass das Tier angekommen ist. Allerdings bin ich mir auch nicht sicher, ob die Menschen daran denken würden, mir nach Wochen oder

Monaten Bescheid zu sagen, dass das Schätzchen in der alten Wohnung aufgetaucht ist.

Da kann ich nur die große Hoffnung haben, dass das Tier gekennzeichnet ist. Dann kann ich es in bebaute Gebiete schicken und um Sichtung bitten, um vielleicht im nächsten Schritt zu erreichen, dass das Tier sich jemandem anschließt, damit die Kennzeichnung auch ausgelesen werden kann.

Sofern Ihr Tier nicht gezeichnet ist, bitte ich es natürlich trotzdem, Schutz bei Menschen zu suchen, Hilfsbedürftigkeit zu zeigen in Form von Futterbetteleien oder Einlassbegehren. Ich werde Sie als Mensch bitten, auch Tierheime und Tierschutzorganisatoren im weiteren Umfeld zu kontaktieren und über mehrere Wochen und Monate dranzubleiben bzw., wenn es eventuell dann in den Winter und in die ungemütliche Jahreszeit geht, nochmals überall nachzuhaken. Es besteht gewiss nur eine geringe Chance, dass Sie Ihr Tier wiederfinden, aber auch diese ist besser als nichts. Außerdem hat die Sicherheit des Tieres Priorität, auch wenn es heißt, dass es eventuell ein neues Zuhause bei neuen Menschen findet.

► Frisch adoptiert/Auslandstiere/gerade angekommen

Von den neu angekommenen Tieren, unabhängig davon, ob von einem Tierschutz aus dem Ausland, dem Tierheim um die Ecke oder auch einer Privatübernahme, wird manchmal viel verlangt und sie fühlen sich hoffnungslos überfordert.

Gerade Tiere aus dem Ausland wissen uns Menschen häufig nicht richtig einzuschätzen. Sie wissen nicht, ob wir lieb sind oder sie verletzen. Manche haben im Leben noch gar keine Fürsorge erfahren, sind misstrauisch, ängstlich und übervorsichtig. Geschirre und Leinen sind ihnen nicht vertraut. Sie wurden von Hundefreunden getrennt, befanden sich häufig über lange Zeit auf Transporten, seien es Autos oder auch Flugzeuge, mit verschiedenen Umladestationen. Sie wurden beengt in Kisten hin- und hergeschoben, ohne zu wissen, ob die Absicht dahinter nun eine gute ist oder nicht.

Aber auch der „deutscheste" Hund kann total verängstigt sein nach einschneidenden Erlebnissen wie beispielsweise dem Verlust seines Menschen oder nach einem Tierheimaufenthalt.

Kurz nach Übernahme des Tieres müssen manche Menschen auf sehr deutliche Weise sehr schnell lernen, warum ein Sicherheitsgeschirr dringend empfohlen wurde, wie schnell ein panisches Tier aus Halsband und Geschirr im Rückwärtsgang entfleucht ist und welche erstaunlichen Kräfte so ein kleines Putzi bei Angst entwickeln kann.

Natürlich kann auch der zu niedrige Zaun im Garten von übersprungen und untergraben bis schlichtweg weggedrückt dem Entfleuchen dienen. Und selbst das unbedachte „eben schnell Müll“ wegbringen kann genau die eine Sekunde zu lang eine offene Haustür sein.

Aber egal, was immer der Grund war: Sie haben jetzt keine Zeit, sich in Selbstvorwürfen zu ergehen! Jetzt wissen Sie es, können in Zukunft daraus lernen, es besser machen. Das nennt man Leben und Lernen!

Jetzt ist die Vergangenheit nur Vergangenheit und Sie brauchen Ruhe, Klarheit und Kraft!

Laufen Sie dem Tier nicht nach, Sie treiben es nur vor sich her und weg!

Ist das Tier extrem menschenscheu, machen Sie wenn möglich Garten, Haustür etc. auf und lassen Sie dem Tier Raum. Manche versuchen, wieder zurückzukommen, trauen sich aber nicht, wenn Menschen herumstehen.

Sie können unterstützen mit Sachen, die bereits nach dem Tier riechen, Decke, Körbchen etc., und natürlich Futterangebot.

Wenn das Tier mit Menschen erst mal gar nichts zu tun haben möchte, nützt selbstverständlich auch das Spurenziehen mit T-Shirts etc. gar nichts.

Möchte das Tier nach einem Schrecken eigentlich gerne wieder in Kontakt mit Ihnen kommen, traut sich aber nicht so wirklich, muss ich Ihnen zunächst kurz erklären, was Beschwichtigungsgesten sind.

Kurz gefasst: Hunde geben sich durch Körperzeichen Information, wenn sie ohne Streit einfach nur sicher sein wollen oder möchten, dass sich ein anderer wohl und sicher fühlt. Beispielsweise zeigt ein ranghohes Tier das Signal, um einem untergeordneten Tier zu bedeuten, dass es ihm nichts tun will, es friedlich gesinnt ist und das andere Tier nicht aufspringen muss, um ihm Platz zu machen. Ein unsicheres Tier würde entsprechende Signale zeigen, um zu bedeuten, dass der andere versteht, dass es sich nicht streiten will, selbst unsicher ist, wie mit der Situation umzugehen ist, oder Angst hat.

Also werden die gleichen Signale sowohl von der stärkeren wie der schwächeren Seite genutzt, um Frieden und Sicherheit zu erhalten und jedwede Gefährdung und Eskalation möglichst abzuwenden.

Diese Signale werden von Hunden, aber auch teilweise von anderen Spezies angewendet und auch erkannt, wenn sich der Mensch ihrer bedient.

Folgende Signale gehören dazu:

Können vom Menschen und vom Hund gezeigt werden:

- Schulter/Seite zeigen
- Weicher Blick leicht am Gegenüber vorbei
- Gähnen
- Mit den Augen blinzeln
- Mit der Zunge über die Lippen lecken
- Leichte Bögen, nie gerade auf das Gegenüber zulaufen
- Langsam, Schleichegang laufen; damit ist kein fokussiertes Anpirschen gemeint, sondern behutsame Bewegungen!
- Klein machen, also Mensch, bitte in die Hocke gehen!

Können zusätzlich vom Hund angewandt werden:

- Extrem betont jeden Grashalm anschnüffeln
- Hinsetzen und sich kratzen

Wenn Sie irgendwie in der Beobachtungsnähe aus Sicht des Hundes sind, also eher hinknien oder setzen, Kopf seitlich, Körper am besten auch halb abgewandt, ausgiebig zu gähnen anfangen und ohne direkten Augenkontakt in Geduld fassen. Manchmal hilft es auch, ein wenig am Boden rumzustochern, als hätte man etwas Interessantes gefunden. Mit Fleischwurst oder Wienerchen gepolsterte Taschen können ein „motivierender" Impuls sein. Und dann kommt es auf das Bauchgefühl an. Ist das Tier neugierig und versucht, zu Ihnen zu kommen, entweder abwarten, ob es tatsächlich Kontakt aufnimmt. Aber wenn nicht, macht es natürlich keinen Sinn, auf das Tier zuzugehen; dann eher fünf Meter weiter weggehen und das Spiel von vorne anfangen. Manche Hunde schaffen es eher, dem Menschen zu folgen (wenn das von der Straßenlage her verantwortbar ist), als sich draußen anfassen zu lassen.

Langt da der Mut zu einer Annäherung nicht, bleibt nichts anderes, als zu versuchen, das Tier durch eine Futterstelle zu stationieren, und dann wird man sehen, wie es weitergeht. Häufig wird eine Lebendfalle benötigt oder im Extremfall jemand, der mit einem Betäubungsgewehr das Tier narkotisiert.

Bei diesen verängstigten Tieren ist es wichtig, einen Prozess des „Versorgtseins“ anzusteuern und erst mal jeden Gedanken an ein „Habenwollen“ loszulassen.

Ich kann den Willen der Tiere nicht ändern!

Einen Straßenhund aus einem anderen Land mit all seinen schlechten Erfahrungen mit Menschen von den Vorteilen des Versorgtwerdens und der Familienzugehörigkeit zu überzeugen, kann man versuchen, aber ...

Damit meine ich nicht nur, wenn Straßentiere von Hundehassern vertrieben oder geschlagen werden, sondern auch den liebevollen Tierschützer, dem ja auch nichts anderes übrigblieb, als das Tier eventuell gegen seinen Willen einzufangen, zum Tierarzt zur Ausreisevorbereitung zu bringen, in der Transportbox zu verstauen und dann in irgendwelche komischen Dinger wie Auto oder Flugzeug zu setzen – einem ängstlichen Tier ist es ziemlich egal, ob das nett oder fürsorglich gemeint ist. Es wird schlichtweg entmündigt und jeder Strategie beraubt, mit der es vorher auf der Straße überleben konnte.

Das Tier ist endlich wieder frei, kein Eingesperrtsein, kein Gehalten- und Gezogenwerden. Der Wille der Tiere, diesen Zustand zu erhalten, ist oft sehr stark und nicht einfach wegzudiskutieren.

Meine erste Strategie bei Schatzis dieser Kategorien ist, erst mal zu entspannen.

Der Mensch muss lernen, vorerst anzunehmen, welche Bedürfnisse das Tier hat, was seine Nöte sind, was für dieses Tier Geborgenheit und Schutz bedeutet. Er muss lernen, loszulassen von diesem Idealbild des gerade angeschafften neuen Hausgenossen, dieses freundlich wedelnden treuen Freunds des Menschen, der ihn freudig begrüßt, wenn er morgens aufsteht oder abends heimkommt, und brav und zufrieden neben der Couch liegt.

Ich versuche, die beiden in ihrem Verständnis aufeinander zuzuführen. Dem Tier das Grundbedürfnis des Menschen zu vermitteln, es zu versorgen und Futter zur Verfügung zu stellen.

Und häufig ist das auch vorerst der einzige Punkt, an dem wir übereinkommen.

Respekt für Abstand, regelmäßig an gleicher Stelle Futter finden – ohne Menschen. Hinbringen, abstellen, gehen.

Und dazu vom Menschen ein Gefühl der Freude, dem Tier etwas Gutes tun zu können.

Ich weiß, da strapaziere ich die Geduld der Menschen arg, wenn ich nicht bereit bin, weiter zu gehen.

Nur ohne diesen ersten Schritt, dass das Tier aufzeigt – also sich zumindest sehen lässt –, sozusagen als Futterbestellung, brauchen wir nicht weiterzuarbeiten.

Manchmal geben die Tiere mehr, wenn sie merken, dass ich nichts einfordern möchte, sondern nur anbiete (und natürlich als verlängerter Arm die Menschen vor Ort), manchmal probieren sie es und entscheiden sich dann doch anders für ein freies, aber vielleicht kurzes Leben zurückgezogen in Wald und Feld und werden nie mehr gesehen. Während andere gerne probieren, aber immer wieder gestört werden durch zwar liebe, mitfühlende Menschen, die sie allerdings in die Flucht treiben. Für die Tiere steht dann irgendwann doch die Tatsache fest, wie gefährlich die Spezies Mensch ist, und sie werden sich abwenden und sich aus jedem weiteren Kontakt zurückziehen.

Wenn es zum Guten gewendet werden konnte, war zu einem ganz großen Teil ein sehr besonnener Mensch vor Ort beteiligt, der sich zu Herzen nahm, dass keinerlei „Habenwollen“ mehr im Raum stehen darf und nur Loslassen und Geben im Gefühl sein dürfen.

Sei es eine liebe Tierschützerin, die mein „klein machen und Beschwichtigungssignal“ so toll umsetzte, dass sie sich selbst erschrak, als der Hund, dem sie nur Futter anbieten wollte, plötzlich neben ihr saß und auch Beschwichtigungsgesten benutzte, nach dem Motto: Sei nicht bange, ich tu dir nichts, Mensch, ich kann dich beschützen.

Da kam auch mir mal wieder das Pipi in die Augen!

Ein Ehepaar, dem ein Neuling in einem Steinbruch abhandengekommen war, stand so hartnäckig mit offenem Auto im „Angebot“, dass der Hund wieder einstieg. Er saß auf der Rückbank nach dem Motto: „O. k., ihr seid nett, ich gehe wieder mit.“ Ich habe nicht gefragt, wie sie den Zeitpunkt fanden, als sie die Autotür zumachen konnten – das kann man sowieso nicht richtig erklären.

Eine Dame picknickte geduldig drei Tage lang auf einem Hügel vor den „Hier-bin-ich-sicher-Büschen“, bis der Hund sich traute, aus dem Beobachtungsversteck näher zu schleichen und zu sondieren. Sie ging dann einfach und hinterließ dem Hundchen Reste an diesem Platz. Diese Geduld und das Vertrauen schenkten ihr, dass sie am vierten Tag einen Picknickgast hatte, der sich anleinen ließ und mit ihr nach Hause ging.

Für jedes dieser Tiere feiere ich immer meine persönliche „Highlight-Party“, wenn es zu einem Happy End kommt.

Zurzeit betreue ich wieder einen meiner „Wilden“.

Der Mensch stolperte und ließ für einen Moment die Leine locker, was dem Hund genügte, um das Weite zu suchen. Wohl auch mehr, weil er sich vor der ungewohnten Bewegung des Menschen sehr erschrocken hatte.

Mehrere Rückkehrversuche seinerseits wurden durch noch mehr „Hinterherlaufaktionen“ und Einfangversuche vereitelt.

Somit verließ er die Region und war bereits nach aktuellen Sichtungsmeldungen fast 20 km entfernt.

Nachdem das Tier weniger ängstlich als planlos und freiheitsliebend erschien, ließ ich mir die Himmelsrichtungen zeigen in Relation von zu Hause zu dem derzeitigen Standort und erfuhr auch, dass in der Nähe des

Zuhauses ein kleiner Wald ist. Das Hundchen hatte wohl unterdessen die Leine abgerissen und konnte sich somit frei bewegen.

Ich zeigte dem Tier die südwestliche Richtung, in der seine neue Heimat ist, mithilfe des Sonnenuntergangs und bat ihn, dorthin zurückzukehren. Ich zeigte ihm den Wald, den er auch von den ersten Gassigängen schon kannte, und versicherte ihm, dass er dort Futter und Versorgung finden könne. Innerhalb eines Tages war er wieder dort und hielt sich dann auch tapfer in der Region auf mit einem Tagesradius von ca 1 km, kam aber immer wieder in den Wald.

Eine Lebendfalle kannte er wohl leider schon von früheren Ereignissen und ignoriert sie standhaft.

Somit bleiben jetzt nur Geduld und die Hoffnung, dass ihn nicht wieder wohlmeinende Helfer jagen. Seinen Menschen habe ich neben dem Bestücken des Futterplatzes und dem Anbringen einer Wildkamera empfohlen, so oft wie möglich am Rand des Waldes zu picknicken und dem Kerlchen immer ein paar besondere Leckerchen zurückzulassen.

Hier bleibt nur abzuwarten, ob er die Wohltaten mit seinen Menschen verknüpft und bereit ist, nochmals zu vertrauen.

Wer mich kennt, weiß, wie viel Wert ich auf die „Nuance“ des Gefühls lege!

Auch hier interessiert mich als Allerersten, welcher „Typ“ eigentlich der Entlaufene ist. Von Hochpaniker bis leicht Ängstlicher ist alles dabei.

Erst vor wenigen Tagen rief mich eine Frau an, Hund seit fünf Tagen weg, er war, aus dem Auslandstierschutz gekommen, erst vier Wochen in der Familie. Mein erstes „Denken“ war natürlich sofort: Oh je, schon wieder so ein herausfordernder Fall. Natürlich habe auch ich meine „Karteikärtchen“ und schon den „schlimmsten Fall“ im „Denken“.

Und dann lernte ich den Hund kennen. Ängstlich und scheu ja, aber trotzdem „nur“ überfordert, vorsichtig bei Neuem oder, sich erinnernd an alte Vorgänge, Schlimmes erwartend.

Die Hündin zeigte mir, dass sie die Nähe zu der Frau schon genießen kann und sich eigentlich im neuen Zuhause geborgen fühlt, durchsetzt mit immer wieder „oh je“ und „huch“.

Es war Folgendes passiert. Durch ein Erschrecken der Hündin war ihrem Frauchen die Leine aus der Hand gerutscht. Ein Nachbar hatte es gesehen und als die Hündin abzischte, es spontan geschafft, auf die Leine zu steigen und dadurch den Hund zu bremsen. Hatte aber selbst eigene Tiere an der Hand, also, nur kurz die Leine mit Hund an den nächsten Baum gebunden, um erst seine eigenen Schatzis wegzubringen. Bis die Hündin nach wenigen Minuten geholt werden sollte, hat sie die Leine aber durchgebissen und war weg.

Sie zeigte mir, dass sie in der Nähe sei, aber sich nicht ans Haus traue, da sie es jetzt mit den von ihr gefürchteten Männern verbinde (Nachbar, Leine, gefangen, festgebunden – Schlimmes passiert). Plötzlich kamen all ihre Ängste vor Männern hoch – die sie vorher nicht so ausgeprägt gezeigt hatte, die aber auch in einer Vorsicht gegenüber dem Ehemann der Frau bereits erkennbar gewesen waren.

Diesem Tier erklärte ich die Prinzipien von Familie, Geborgenheit und Schutz und dass sie bei der Frau immer sicher sei, diese auch wisse, dass ihr Mann lieb sei und sie von niemandem Schaden zu erwarten habe.

Ihrem Menschen hielt ich meinen Vortrag über „nicht haben wollen“, nur anbieten, und sprach ein Verbot aus, durch die Wälder zu ziehen und sie zu suchen.

Außerdem bat ich vorsorglich darum, vor der Haustür Futter und Decke zu deponieren. Den Ehemann musste ich bitten, diesen Eingang nicht zu benutzen und über die vorhandene weitere Kellertür ins Haus zu gehen. Außerdem bat ich, an den beiden infrage kommenden Waldstücken (die die Hündin mir zeigte) eine Futterstelle aufzubauen, um das Tier standorttreu zu halten (und damit eventuell auch erforderliche Maßnahme wie Lebendfalle oder Betäubungsschuss vorzubereiten).

Das klingt erst mal nicht anders als bei einem wesentlich scheueren Hund, aber auch hier ist wieder die Nuance des Gefühls das Wichtige. Ich übermittelte ihr, dass ich weiß, dass sie die Hindernisse überwinden kann, dass es gewiss ist, dass sie das gute Gefühl des Kuschelns in dieser Familie wieder bekommt, dass es ihr zusteht, diesen Komfort zu haben, und dass ich weiß, was für ein kluger Hund sie ist und das alles die letzten vier Wochen schon fantastisch gelöst hat.

Kurz nach dem Gespräch wählte die Hündin eine sehr interessante Lösung!

Sie stand vor einem des in der Nähe befindlichen Wäldchens, in das sie sich geflüchtet hatte, und fing an dauerzubellen! Eine Nachbarin wurde darauf aufmerksam, beobachtete sie aus der Distanz und informierte das Frauchen. Diese kam herbeigeeilt, näherte sich in einem Bogen und setze sich in Abstand zu dem Hund hin. Die Hündin kam sehr vorsichtig und langsam Stück für Stück näher und schaffte es dann, in direkten Anschluss zu gehen und sich anfassen und anleinen zu lassen.

Was für eine Freude auf beiden Seiten, als sie endlich wieder zu Hause war!

Diesem Hundchen konnte ich viel mehr zutrauen, da sie eigentlich bereits offen für ihren Menschen war und nicht im Herzen noch ein gefangener Straßenhund, der eigentlich gar nicht gerettet werden wollte!

18.
Geistige Unterstützung des Körpers:

Tellington TTouch® nach Linda Tellington-Jones

Wie manche wissen, habe ich in jüngeren Jahren auch „real“, also im direkten Kontakt mit Pferden, Hunden und Kleintieren, gearbeitet, trainiert oder die Ausbildung unterstützt. Meine stärkste Grundlage hierfür war meine Ausbildung sowohl für Pferde wie auch Kleintiere jeder Art bei Linda Tellington-Jones.

Mit der dort erlernten Körper- und Bodenarbeit (und natürlich noch einigem mehr) konnte ich Tieren jeder Spezies optimal Unterstützung geben.

Durch Ausprobieren und Erfahrung sammeln bemerkte ich schnell, dass diese Art der Körperarbeit auch angenommen werden **kann von vielen Tieren, wenn ich nicht körperlich mit ihnen zusammen bin, sondern im Geiste auf Entfernung arbeite.** Und somit wurde diese schnell ein sehr wichtiger Bestandteil in meiner Arbeit mit vermissten Tieren.

Wenn ich mit den Tieren verbunden bin und das Gefühl habe, sie haben mir alles gesagt und gezeigt, was ihnen möglich ist, bitte ich sie, mir einen Moment zu vertrauen. Ich gebe ihnen ein Gefühl, wie sie sich jetzt sofort besser in ihrem Körper fühlen können.

Um in Kurzform zu erklären, warum hier diese Körperarbeit hilfreich ist, muss man wissen, dass es zwei Hauptnervensysteme gibt:

• Parasympathikus

Dieser ist für die Versorgung der inneren Organe, den Blutkreislauf, den Stoffwechsel etc. zuständig. Dadurch kann das Tier ruhig atmen, Futter aufnehmen und durch die gute Versorgung der inneren Organe auch verwerten.

Bewusstes Denken und Handeln sind in diesem System möglich!

Ich sage auch gerne dazu, dass das Tier im Lebenssystem ist.

• Sympathikus

Dieser ist sozusagen der Gegenspieler und der Körper wechselt in dieses Nervensystem bei Angst und gefühlter Bedrohung. Dieses Nervensystem sorgt für die Möglichkeiten Kampf, also Angriffsverhalten, oder Flucht, je nach Charakter des Tieres. Für diese Anstrengung zieht das System alles zu entbehrende Blut aus den inneren Organen und stärkt die Gliedmaßen und allgemein die Muskulatur, die für Angriff oder Flucht benötigt wird, und schüttet z. B. auch Adrenalin aus.

Die Folgen sind ein schneller Herzschlag, kein Speichelfluss und verkürzte Atmung.

Auch das Gehirn wird dadurch nicht mehr in der gleichen Menge mit Sauerstoff versorgt und es kann zu „Blackouts“ kommen.

In diesem System ist kein bewusstes Handeln mehr möglich. Das Tier reagiert nur noch instinktiv und folgt eventuell auch erarbeiteten Mustern, die bislang das Überleben gesichert haben und unbewusst abgespeichert sind. Die dritte Möglichkeit „Erstarren“ ist ebenfalls anzutreffen, wenn für das Tier keine Lösungsmöglichkeit erfassbar ist.

Das ist natürlich nur sehr grob und kurz mit meinen Worten dargestellt, also, bitte, liebe Mediziner, nicht böse sein!

Bestimmt kommt Ihnen auch die ein oder andere Situation von Ihnen selbst bekannt vor, wie z. B. bei Prüfungsangst oder wenn Ansprüche gestellt werden, die man im Moment nicht erfüllen kann oder möchte und Ängste in uns auslösen. Herzrasen, pochender Puls, hektische Atmung sind die Folge und oft ist die einfachste Frage in dem Moment nicht beantwortbar.

Im Überlebenssystem finden wir Menschen uns selbst als „Neandertaler“ wieder, denn unser Körper funktioniert noch immer so. Bei unseren geliebten Haustieren kommt häufig in Stresssituationen von einer auf die andere Sekunde das „Wildtier“ wieder zum Vorschein.

Sie können sich wahrscheinlich gut vorstellen, dass ein Tier in Not und Stress sein Überlebenssystem, also den Sympathikus, in Aktion hat.

Eventuell erwartet es einen Angriff und ist kampfbereit, befindet sich auf der Flucht oder ist jederzeit bereit dazu. Oder es ist in einer Schockstarre und unfähig, irgendetwas zu unternehmen.

Im Extremfall ist das Tier wirklich wie umgeschaltet und kann oft auch seinen eigenen Menschen nicht mehr erkennen. Dazu kommt, dass die eigene Familie auf der Suche eine andere (gestresstere) energetische Ausstrahlung hat als im normalen Miteinander.

Das erklärt, warum das Tier weiter in Deckung geht und sich nicht sehen lässt, vor dem eigenen Menschen flieht oder sich wehrt, wenn nicht gar angreift.

Die Körperarbeit, auch Tellington TTouch® genannt, wirkt auf tiefer Zellenebene, aktiviert die Zellen und hilft, Muskulatur zu entspannen, sich geerdet zu fühlen, eingefahrene Muster wieder bewusst anschauen zu können und andere Entscheidungen zu treffen. Sie hilft, den Körper wieder in Richtung Parasympathikus auszurichten, ruhig atmen zu können, versorgte Organe inklusive Herz und Gehirn zu haben und erneute bewusste Entscheidungen zu treffen.

Durch das Wohler-Fühlen mit ausreichender Versorgung des Körpers können die Tiere häufiger die Situation nochmals neu beurteilen. Das krampfhafte Festhalten an Mustern kann gelockert bis aufgelöst werden.

Ein einfaches Beispiel:

Eine Katze sitzt in einer Ecke fest, nachdem sie verzweifelt versucht hat, genau an der Stelle wieder hinauszukommen, wo sie hineingekommen ist. Jetzt fängt sie an, sich umzusehen, ob es eventuell noch eine andere Möglichkeit gibt.

Oder:

Das Tier ist von zu Hause geflohen, weil vor dem Haus etwas Fremdes war. Jetzt ist es bereit, einen anderen Nachhauseweg zu wählen oder auch einen fremden Menschen auf sich aufmerksam zu machen, dass Hilfe erwünscht wäre.

Genauso, wie ich es bei dem Tier anwenden würde, wenn es direkt vor mir steht, bleibe ich auf der telepathischen Ebene und gehe im Geiste mit meinen Berührungen am Tierkörper entlang.

Wenn das Tier zu nervös ist, um mich geistig nahe bei sich zu lassen, stelle ich mir nur das Körpergefühl dazu vor, wenn ich es machen „würde", oder stelle es mir an meinem eigenen Körper vor und zeige das Gefühl dem Tier.

Ab und an konnte ich schon erleben, dass Tiere, die mich erst ablehnten oder auch unfähig waren, etwas aus ihrer Situation zu zeigen, nach ein paar TTouches® anfingen, zu entspannen und mir zu vertrauen begannen.

Nach einem gefühlten „Nicht schon wieder jemand, der etwas von mir will!" bin ich in der Position, etwas anbieten zu können. Etwas zu geben, was erst mal ein gutes Gefühl hervorruft. Und erst nach diesem Erarbeiten von Vertrauen konnten wir genauere Details austauschen.

Schatzis, die es gewohnt sind, dass ihre Menschen ihnen helfen, trauen sich manches auch zunächst einfach nicht zu.

Und wenn ich ihnen dann einige TTouches® gegeben und sie für ihre Geschmeidigkeit und Kraft gelobt habe, sind sie eher bereit, mir zuzuhören. Manche sind dann auch bereit, es wenigstens zu probieren, sich bei Menschen sehen zu lassen oder nochmals zu versuchen, aus dem Loch herauszuklettern, lauter zu schreien oder zu kratzen.

Starren lösen sich auf und gezielteres Handeln setzt wieder ein.

► Körperarbeit

Einige dieser Körperberührungen mag ich natürlich auch gerne Ihnen erklären.

1. Noahs Marsch und Beine ausstreichen

Ich streiche im Geist das Tier sehr langsam vollständig ab mit langen ruhigen Strichen. Also z. B. vom Kopf über die Schultern und dann die Vorderbeine entlang oder vom Kopf über Rücken, Hüften zu den Hinterbeinen.

Das Tier kann sich wieder in seiner Ganzheit fühlen.

Wenn ich ein Tier habe, das im Laufmodus ist, also z. B. einen Hund, der vor lauter Angst kilometerweise Strecke hinter sich bringt, dann streiche ich die Beine im Geiste aus und stoppe unten nicht, sondern lasse meinen Strich über die Erde ca. 10 bis 20 cm weitergleiten.

Das gibt ein gutes Gefühl zum Bodenkontakt und macht die Schritte etwas schwerer, beruhigt Hektiker und unkontrolliertes Tun.

Habe ich allerdings ein Schätzchen, das wie festgewurzelt keinen Ausweg sieht und sich nicht bewegen möchte, dann streiche ich das Bein ab und gebe auf die Pfote einen kleinen umfassenden Abschlussdruck.

Das gibt Bewusstheit und etwas Leichtigkeit in die Gliedmaßen. Das Bewegen wird leichter fallen.

Das Beineabstreichen mache ich entweder an jedem Bein oder nur an den Vorderbeinen oder nur an den Hinterbeinen.

2. Ohren ausstreichen

Ich gebe meinen Zeigefinger unter das Ohr und streiche mit dem Daumen von der Mitte des Kopfes ausgehend in Richtung Ohr, habe dann das Ohr zwischen Daumen und Zeigefinger und streiche entlang bis zur Ohrspitze. Das wiederhole ich so oft, bis ich von einer Seite des Ohres bis zu der anderen jede Linie einmal abgestrichen habe.

Linda Tellington-Jones gab uns die Idee: Stelle dir vor, das Ohr wäre ein Rosenblatt, also streiche ruhig und sanft.

Im Ohr befinden sich entsprechende Akupunkturpunkte für jedes Organ des Körpers. Durch das Abstreichen aktivieren Sie und stärken damit die Versorgung der Organe.

An der Ohrspitze befindet sich der „Schockpunkt“. Sie können die Haut der Ohrspitze mit Ihrem Daumen sanft im Kreis bewegen. Das hilft, den Kreislauf zu normalisieren und das Tier aus einem eventuellen Schock zu bekommen.

3. Der Pythonheber

Ich erkläre zunächst einmal, wie Sie das an sich selbst ausprobieren können, damit Sie wissen, was ich von Ihnen möchte.

Wenn Sie Rechtshänder sind, nehmen Sie Ihre rechte Hand, lassen den linken Arm einfach herunterhängen und legen Sie die rechte Hand auf den Oberarmmuskel Ihres linken Armes.

Jetzt atmen Sie ein und heben den Muskel mit Ihrer rechten Hand leicht (höchstens 5 mm!) in Richtung Ihrer linken Schulter an. Einen Moment bitte die Luft anhalten, zählen Sie im Geiste einfach bis 4! Und jetzt langsam ausatmen, Ihre rechte Hand entspannen und langsam und vorsichtig den Muskel nach unten in Richtung Ellbogen begleiten.

Sie stellen gewiss fest, dass Sie den Muskel weiter nach unten begleiten, als Sie ihn angehoben haben. Wenn Sie das ein paar Mal durchführen, bekommt Ihr linker Arm ein weiches, angenehmes Gefühl und fängt vielleicht sogar ein bisschen an zu kribbeln. Ihr Muskel wird weicher, kann besser durchbluten und dadurch fühlt sich der Arm weicher und beweglicher an.

Wenn Sie Linkshänder sind, die Übung einfach andersherum ausführen. Wichtig ist, dass Sie sich dabei gut fühlen und keine Anstrengung haben.

Wenn sich ein Tier im Nervensystem des Sympathikus befindet, sind die Muskeln verspannt.

Durch angenehme, weiche Muskulatur fühlt sich das Tier wieder mehr und kann bewusster agieren.

Sie können mit diesem Griff im Geiste das Tier überall berühren, wo sich Muskulatur befindet, also Nacken, Schultern, Schenkel und große seitliche Muskulaturen.

Für mich ist das eine der wichtigsten Berührungen. Zum einen, um die ängstliche Verkrampfung aufzulösen, und zum anderen, um die Achtsamkeit des Tieres zu bekommen und es ein bisschen in Richtung Wohlbefinden und bewussteres Agieren zu lenken.

4. Der Bauchheber

Auch hier üben wir es erst mal real an Ihnen:

Falten Sie bitte einmal Ihre Hände und legen Sie diese so auf Ihren Bauch.

Atmen Sie ein und üben Sie dabei mit Ihren Händen einen kleinen sanften Druck auf Ihren Bauch aus. Jetzt kurz die Luft anhalten. Und nun langsam ausatmen und dabei Ihre Hände ganz weich werden lassen und den Bauch nach außen führen, sodass er Platz und Raum bekommt.

Sie werden feststellen, dass Sie jetzt so eine kleine „Wampe" und einen sehr weichen Bauch haben. Wenn Sie das ein paar Mal machen, werden Sie auch bemerken, dass Sie besser und tiefer atmen und sich entspannter fühlen.

Bei einem Tier würde ich eine Hand (im Geiste) neutral vor die Brust legen (ohne damit weiter etwas zu tun, nur als Balance) und die andere Hand flach hinter die Vorderläufe auf den Brust-/Bauchbereich. Auch hier dann etwas anheben, also an den Bauch drücken, dabei einatmen, kurz Luft anhalten und dann lange und tief ausatmen und dabei die Hand entspannen und den Bauch nach unten Richtung Boden begleiten.

Je nach Größe des Tieres kann man mit der Hand immer ein klein bisschen weiter nach hinten am Bauch rutschen und mehrere Heber nacheinander machen.

Einmal von vorne nach hinten reicht aber absolut! Mehr ist in dem Fall nicht mehr.

Das Tier kann sich entspannen, die Atmung wird wieder ruhig und gleichmäßig, die Herzfrequenz beruhigt sich.

Für diejenigen, die mit dieser Arbeit schon vertraut sind, mag ich noch kurz hinzufügen, was mir aus dem breiten Repertoire der Möglichkeiten ebenfalls hilfreich ist.

Viel nutze ich den TTouch® „Wolkenleopard", um Bewusstheit in bestimmte Körperregionen und zumindest eine kleine Unterstützung bei schmerzenden Gliedern geben zu können.

Der „Schnecken-TTouch®" hilft bei schmerzenden Wunden.

Selbst die „halbe Bandage" verwende ich im Geiste, damit sich die Tiere umrahmt und behütet fühlen und ein gutes Körpergefühl haben, sozusagen wissen, wo sie anfangen und aufhören.

Auch wenn ich dieses Kapitel nicht weiter ausdehnen möchte, da vielleicht einige von Ihnen noch nie etwas davon gehört haben, ist es für mich eines der stärksten, hilfreichsten Mittel, die mir zur Verfügung stehen.

Linda Tellington-Jones hat übrigens einige Bücher über das Training mit Tellington TTouch geschrieben, die sehr lohnenswert sind zu lesen![1]

Um die Grundlagen dieses segensreichen Werkzeuges zu lernen, sind Sie gerne in einem meiner Seminare, ob präsent oder abends online, willkommen. Es ist für genaues Arbeiten doch sinnvoll, dass zunächst eine Hilfestellung gegeben wird. Nachdem aber gerade bei Notsituationen dafür keine Zeit ist, sollte erst einmal meine kleine Erstanleitung helfen.

Es kann nichts passieren, außer dass es nicht hilft! Es ist also immer einen Versuch wert.

---

[1] *Hinweise dazu finden Sie im Literaturverzeichnis am Ende dieses Buches*

19.
Der schamanische Heilkreis

Jetzt habe ich den Tieren alles gegeben, was ich konnte, Informationen gesammelt, die ihrem Verständnis entsprechen. Ich habe ihnen erklärt, welche Möglichkeiten sie haben, um an Hilfe zu kommen und mit ihren Menschen wieder vereint zu sein.

Ich mache den Tieren absolut klar, dass ihre Menschen nach ihnen Ausschau halten können, aber sie alleine für sich verantwortlich sind, zu tun, was sie tun können, und sich auch selbst helfen müssen!

Den Menschen dazu habe ich möglichst viel Hilfestellung gegeben, aber auch klar erklärt, dass es an dem Tier ist, alles zu tun, was zur Auflösung der Situation beiträgt. Dass sie loslassen sollen von dem „alleinigen“ Verantwortungsgefühl, das Tier finden zu müssen. Dass jedes Tier sich selbst gehört und auch Verantwortung hat. Dass sie nicht mehr tun können, als bestmöglich zu unterstützen, dem Tier aber auch zutrauen sollen, für sich selbst einzustehen. **Und nicht nur zutrauen, sondern es auch einfordern!**

Auch Tiere haben Lebenswege, Aufgaben, die sie in diesem Leben zu erarbeiten haben.

Ich kann unterstützen, aber nichts abändern, was nicht sein soll.

Um den Lebensweg unserer vermissten Schätze zu unterstützen, nehme ich jeden Einzelnen nach dem Gespräch in meinen Heilkreis auf.

Der Heilkreis ist keine telepathische Kommunikation, sondern eine Energiearbeit aus dem Schamanismus.

Der Schamanismus ist eine Naturreligion, die seit vielen Jahrhunderten angewandt wird. In der Verehrung für die Natur, für alles, was um uns ist, wird mit den Energien aus den verschiedenen Himmelsrichtungen gearbeitet und um Unterstützung gebeten.

Unsere Hausgefährten sind der Natur auf tiefer Ebene noch immer sehr verbunden und im Endeffekt das Bindeglied für uns zwischen unserer Zivilisation und der Natur.

Die meisten Tiere fühlen sich noch viel mehr mit der Energie und damit der Spiritualität der Natur verbunden und sind daher sehr empfindsam für diesen Heilkreis.

Der Heilkreis ist ein Ritual, das an einem immer gleichen Ort in einem gedachten oder idealerweise mit Steinen oder anderen natürlichen Hilfsmitteln abgegrenzten Kreis stattfindet.

Dieser Ort ist „heilig", wird geehrt und in der Regel anderweitig nicht betreten. An diesem Ort wird der Natur gedankt für unser Leben und alle Kreisläufe der Natur. Alle Bewegungen werden im Uhrzeigersinn ausgeführt, um den Sonnenlauf zu ehren als kleinen Kreislauf und den Ablauf der Jahreszeiten als den großen Kreislauf. Die Himmelsrichtungen erhalten eine Danksagung und alle geistigen Helfer werden eingeladen.

Je öfter in diesem Kreis gearbeitet wird, desto stärker werden die Energien zentriert. Mithilfe dieser Energien unterstütze ich die Tiere in dem Werdegang.

Ich weiß, jeder glaubt oder glaubt auch nicht auf unterschiedliche Art und Weise an Energiearbeit. In meinen Seminaren erlebe ich jedoch immer wieder, wie äußerst bodenständige Menschen, die ich langsam in diese energetische Arbeit einführe und die zum Ende mit mir einen Heilkreis ausführen dürfen, absolut emotional berührt werden, wenn sie das erste Mal die starken Energien spüren können.

In diesem schamanischen Heilkreis wird der Seelenweg eines Individuums unterstützt. Trotz Formulierung einer positiven Bitte ist es nicht möglich, gegen den vorgesehenen Lebensweg eines Individuums zu handeln. Der Heilkreis unterstützt Leichtigkeit in dem, was sein soll.

Ich formuliere Bitten wie:

- Stützt die Leichtigkeit des Seelenweges für dieses Tier.
- Bitte führt dieses Tier wieder in die Sicherheit seiner Menschenfamilie.
- Gebt Kraft, dass es sich aus der Limitierung befreien kann.

• Zeigt bitte einen sicheren Weg nach Hause.

• Verleiht Kraft, Mut und Leichtigkeit.

• Führt hilfreiche, liebevolle Menschen in den Weg.

• Erklärt dem Tier ein liebevolles, behütetes Zusammenleben mit dem Menschen.

Und unter manchmal den interessantesten Umständen wird es passieren, dass der richtige Mensch zur richtigen Zeit am richtigen Ort mit dem Tier zusammentrifft.

Ich weiß, es ist nicht „beweisbar", ob das nicht auch geschehen wäre, wenn ich nichts getan hätte oder nicht involviert gewesen wäre. Ich persönlich weiß es, denn unabhängig davon, wie lange ein Tier und unter welchen Umständen es verloren ging, ist der zeitliche Zusammenhang zwischen meiner Arbeit im Heilkreis und das Auffinden der Tiere fast immer klar erkennbar.

Ich hatte schon manche eingesperrte Katze, bei der unmittelbar nach dem ersten Heilkreis abends nette Menschen den Impuls fühlten, in den Keller oder das Gartenhaus zu gehen, das sie schon seit Tagen oder Wochen nicht mehr betreten hatten, und zu ihrer Überraschung ein abgemagertes Schätzchen fanden.

Meine schönste „Expresslieferung" war ein kleiner Kater. Der Mann rief mich an, weil sein Katerchen seit Wochen fort war und er keine Ideen mehr hatte, wo noch suchen sollte. Der Kleine zeigte mir, dass er in einem angrenzenden Wald sei und nicht weiterwisse, aber eigentlich ganz gut klarkomme. Ich bat ihn, den Waldrand zu suchen und sich sehen zu lassen. Das Gespräch war eines der letzten des Tages und ich machte direkt anschließend meinen Heilkreis.

Eine Dreiviertelstunde später rief der Mann an, das Kätzchen sei gerade von einer Frau abgeliefert worden. Eine Tierschützerin fuhr diese Straße lang, sah eine Katze am Rand, hielt aus einem Bauchgefühl heraus an. Der Kater ließ sich auch brav einsammeln. Der Chip wurde ausgelesen und weil Katerchen ohnehin im Auto saß, auch dann direkt an der Haustür abgeliefert.

Der Heilkreis wird unterstützen, was sein soll, also auch, wenn es nicht in unserem Sinne ist:

z. B. den leichten Übergang, wenn das Tier nicht mehr körperlich sein sollte, oder ein neues Zuhause bei lieben Menschen.

Deswegen werde ich auch hier mit jedem Tier arbeiten, selbst wenn die Tendenz in die Richtung geht, dass das Tier eventuell verunfallt ist.

Der Heilkreis lässt die Tiere die Liebe und Fürsorge ihrer Menschen fühlen. Wohin auch der Weg führen mag, gibt das Sicherheit und Begleitung für ein geliebtes Familienmitglied.

Aus dem Heilkreis durfte ich schon viele Wunder erleben und ich vertraue immer darauf, dass er richtet, was gerichtet werden soll.

Meine Erfahrung ist, dass sich meist in drei, spätestens in sieben Tagen irgendetwas in der Situation verändert, wenn ich helfen und unterstützen kann. Sei es, dass das Tier wieder zu Hause ist oder Sichtungen eintreffen.

Aus diesem Grunde bleibe ich auch immer sieben Tage mithilfe dieser Arbeit weiter in Kontakt und Unterstützung mit dem Tier.

Am meisten freut mich natürlich, wenn ich innerhalb dieser sieben Tage eine Happy-End-Nachricht bekomme!

Kleine Fortschritte sind aber oft der Weg in die richtige Richtung.

Werde ich innerhalb dieser sieben Tage kontaktiert, weil zuverlässige Sichtungen eingetroffen sind vom eigenen Menschen, aber das Tier seine eigenen Leute nicht erkennt, sich nicht fangen lässt oder zu weit weg war, kann ich es loben und ermutigen, in dem Sichtungsbereich zu verbleiben. Ich zeige klar die Landschaft und stelle Versorgtwerden mit regelmäßigen Futtergaben, eventuell auch vertrauten Decken und Körbchen in Aussicht – je nachdem, was die Menschen dazu leisten können. Priorität hat zunächst Standorttreue.

Die meiste Arbeit ist dann meistens, die dazugehörigen Menschen in die Einstellung des Loslassens einer bestimmten Erwartungshaltung zu bringen. Sich zu freuen um das Wissen, dass das Tier sicher ist, zu essen hat und man es regelmäßig sieht.

Wir müssen eben sozusagen „scheibchenweise“ anbieten und immer sehen, wie weit das Tier mitgehen kann.

Wurde das Tier von anderen Personen gesichtet, brauche ich die genauen Umstände und wie es da aussieht. Das Tier weiß ja nicht, von wem es gesehen wurde, das heißt, ich muss es z. B. bitten, dahin zu gehen, wo die nette Frau mit dem Näpfchen auf der Veranda war und der schwarze Hund wohnt. Zeigen, worauf es achten muss (nicht in den Garten gehen, wenn der schwarze Hund läuft, sondern schauen, wann er hinter der Scheibe ist). Natürlich müssen die Menschen z. B. absprechen, wo bzw. ob eine Futterstelle möglich ist.

Die Arbeit im Heilkreis beginnt wieder von vorne mit mindestens sieben Tagen Unterstützung.

Das kann manchmal eine sehr langwierige Arbeit sein, denn jedes Mal, wenn das Tier irgendetwas gibt, lobe ich das, unterstütze es positiv, zeige ihm einen nächsten Schritt, den es geben kann, und zähle die sieben Tage wieder von vorne.

Warum ich genau diese Energiearbeit für mich gewählt habe?

Mit vielem habe ich mich beschäftigt, da ich immer der Meinung bin, dass man sich erst einmal einiges anschauen, also über den Tellerrand schauen sollte, bevor man das eine als das Beste – oder auch das für mich persönlich als Stimmigste und Kompatibelste – bezeichnet.

Schamanismus bedeutet Naturreligion.

Wie der Glaube auch immer heißen mag, es gibt unsichtbare Dinge, die das Zusammenspiel in der Natur – und dazu gehören auch wir und unsere Haustiere – wie Fäden ineinanderführen, sodass alles wachsen und gedeihen kann. Die Natur hat ihre Ordnung. Mit diesen Kräften und geistigen Helfern verbunden zu sein, gibt mir ein Gefühl der Richtigkeit.

Unsere Wissenschaft unterstützt ohnehin in der Quantenphysik viele Phänomene wie z. B., dass der Betrachter das Objekt allein durch seine Aufmerksamkeit verändert. Unabhängig davon, ob ich etwas „glaube“ oder als „real“ ansehe, hat sich in meiner Arbeit mit den Heilkreisen so viel spontan wieder in Bewegung gebracht, dass zumindest mir nichts anderes übrigbleibt, es trotz aller Bodenständigkeit als wirksam anzunehmen.

Selbst sehr unsichere Tiere oder Juwelchen, die schon mehrere Wochen abgängig waren, konnte ich so noch heimführen. Mein Verstand sagt in solchen Fällen: „Na, ob das noch was wird, die Wahrscheinlichkeit ist sehr gering!“ Mein Vertrauen in den Heilkreis sagt: „Wenn es sein soll, wird es irgendeine Möglichkeit im Universum geben.“

Häufig werde ich gefragt, ob die Tiere mit mir im Heilkreis sprechen oder ich ihnen noch das ein oder andere ausrichten kann. Der Heilkreis ist rein energetische Arbeit, keine telepathische Kontaktaufnahme. Selten, aber doch immer mal wieder bekomme ich während des Heilkreises bei der Arbeit mit einem bestimmten Tier wie einen kleinen „Schubs“, als wollte das Tier sagen: „Jetzt achte mal auf mich!“ Dann nehme ich natürlich auch nochmals telepathischen Kontakt mit dem Tier auf, wenn ich den Heilkreis als solchen beendet habe.

► Wie geht es weiter?

Ich bitte immer, sieben Tage nach dem Beratungsgespräch wieder Kontakt mit mir aufzunehmen – falls sich in der Zwischenzeit nicht irgendetwas verändert hat. Telepathisch nehme ich nochmals Verbindung zu dem Tier auf, ob es mir noch etwas anderes geben kann, was mir neue Anhaltspunkte gibt.

Wenn das Tier bestätigt, dass es etwas verändert hat, bleibe ich natürlich dran.

Erst vor Kurzem hatte ich eine Katzenlady, die mir zeigte, dass sie in einer Doppelgarage eingesperrt sei. Nach sieben Tagen bekam ich die Info, sie sei wieder frei, aber das Gebiet sei jetzt so gefährlich für sie, dass sie in den anliegenden Wald geflüchtet sei und sich nicht nach Hause traue (obwohl das keine 500 Meter Entfernung waren), aber ganz gut klarkomme. Wiederum sieben Tage später, ja, sie sei immer noch im Wald – jetzt wollte sie aber gerne nach Hause, Wetter war schlecht. Also wieder sieben Tage und sie darauf aufmerksam gemacht, wann weniger Verkehr, weniger Leute auf der Straße und dass ihre Menschen in dem Wald (dornendurchsetztes dichtes Buschwerk) keine Chance haben, ihr zu helfen. Nach weiteren sieben Tagen stand sie vor der Haustüre, ziemlich dünn und zerzaust.

Oft stellt sich die Situation als sehr statisch heraus und ich bekomme nicht mehr als in dem ersten Kontakt. Dann muss ich leider auch sagen, dass ich nicht mehr tun kann.

Ich ziehe dann oft nochmals mein allerletztes „Notregister", wenn ich sicher bin, dass das Tier lebt, aber aus irgendwelchen Gründen nicht kann oder will.

Das Tier lasse ich wissen, dass ich jetzt nichts mehr tun kann und dass somit auch die Menschen nicht mehr wissen, was sie noch unternehmen können, um zu helfen, und die Suche einstellen. Dass jetzt keiner noch sucht, unterstützt oder irgendeine Idee hat, es ganz alleine ist und selbst mit seinem Leben klarkommen muss.

Das ein oder andere Mal durfte ich dann schon erleben, dass sie innerhalb kürzester Zeit empört vor der Tür standen, weil man sie „abgeschrieben" hatte, oder auch in sehr aufdringliche Sichtungen kamen.

Der ein oder andere wird dann schon plötzlich wach, wenn sich keiner mehr um ihn kümmert.

Das zeigt immer wieder, wie bewusst sie sich sind, dass ihre Menschen sich für zuständig halten, sie zu finden. Das wiederum finden manche amüsant und unterhaltsam und genießen dieses Gefühl, anstatt nach Hause zu kommen oder selbst etwas zu unternehmen.

► Energetische Wunder

Manchmal habe ich wirklich das Gefühl, die Schatzis können sich „beamen".

Auch solche Erlebnisse kann ich klar der Wirkung des Heilkreises zusprechen.

Für eine Berliner Dame suchte ich ihren roten Kater, der seit einigen Tagen abgängig war.

Er zeigte mir einiges, aber mit einem „fluffigen Gefühl", sodass ich in der Tendenz befürchtete, dass das nicht diese reale Welt sei und er verstorben sein könnte.

Zwei Tage später saß ein anderer Kater, der der Dame schon seit über 2 ½ Jahren abgängig war, vor der Haustür, der wie selbstverständlich nach Hause gekommen war und sein altes Leben wieder aufgenommen hat.

Es ist mir bereits ein paar Mal passiert, dass die gesuchten Tiere nie mehr auffindbar waren und dafür vermisste Tiere aus einer früheren Zeit des gemeinsamen Lebens während der Zeit des Heilkreises wieder nach Hause kamen.

Oder:

Eine seit Monaten vermisste Schildkröte zeigte mir ein wunderbares Ambiente mit Wald und einem darin befindlichen kleinen Naturteich. All das gab es auch in der angegebenen Richtung in ca. 3 bis 4 km Entfernung.

Einen Tag nach dem Gespräch saß die Madame neben ihrem Gehege im Garten und wartete, hineingelassen zu werden.

Bei aller Liebe hätte ein so kleines Tier diese Entfernung nie in dieser Zeit zu Fuß aus eigener realer Kraft zurücklegen können.

Ich nehme es an, weiß, dass das eben eine andere Realität ist, nichtsdestoweniger trotzdem real. Alles muss ich auch nicht verstehen und ich freue mich für jedes Schatzi, das wieder zu Hause ist.

► Eine Portion Humor

Wenn es im Lebensweg des Tieres sein soll, richtet der Heilkreis die perfekte Lösung ein, um Mensch und Tier wieder zusammenzuführen, und das oft auf eine Art und Weise, die ich mir nie ausdenken könnte.

Mich rief eine Falknerin an, der ich schon einmal bei der Rückführung eines entflogenen Uhus hatte helfen können, dass sie leider wieder Malheur habe.

Eine kleine Weißgesichtseule sei ihr entwischt. Ich ortete den kleinen Mann schnell in einem nahe gelegenen Wäldchen. Er war auch bereit, sich sehen und abholen zu lassen.

Ehrlich gesagt wusste ich aber auch nicht wirklich weiter. Diese Eulenart ist sehr klein und dort wohnende Raubvögel würden ihn wohl als Erste erspähen und entweder als Beute ansehen oder aus ihrem Revier vertreiben. Den Menschen würde eine – wenn auch sehr putzig aussehende – Eule wahrscheinlich entweder gar nicht auffallen oder sie würden die Beringung nicht bemerken und denken, es wäre ein Wildtier.

Also bat ich ihn erst mal, sich über Nacht gut zu verstecken und am nächsten Tag dorthin zu kommen, wo Menschen wohnen, um sich sehen zu lassen.

Am nächsten Tag bekam ich die Information von der Frau, dass er wieder zu Hause sei.

Mitten in dem kleinen Städtchen waren Leute ins Optikergeschäft gekommen und hatten gefragt, ob die Eule, die vor der Tür sitze, Deko oder echt sei. Der Mann kannte zum Glück die Falknerin und rief dort um Hilfe an, ohne zu wissen, dass das ein vermisstes Tier war.

Ob die Menschen auch auf ihn aufmerksam geworden wären, wenn er sich vor den Bäckerladen gesetzt hätte?

► Der Held

Diese Geschichte, die vielen gewiss Hoffnung geben kann, will ich nicht vorenthalten.

Es gibt sie, die „Lassie", „Chance" und wie all die Tiere der Geschichten heißen, die über weite Strecken wieder nach Hause finden.

Ich wurde vor einigen Jahren um Hilfe gebeten, da ein sehr schüchterner Berner Sennenhund einer Hundepension beim Gassigehen aufgrund eines kaputten Karabinerhakens entflohen war.

Die Pension war allerdings nicht in der Nähe seines Zuhauses, sondern ca. 70 km entfernt.

Er kannte diesen Weg nur von der einmaligen Autofahrt von seinem Zuhause dorthin zur Abgabe.

Das Tier ließ den Kontakt zu und zeigte mir, wie er alle „Aldis", „Lidls" und sonstige Geschäfte ablief, weil er seine Menschen schon mit diesen Einkaufswagen durch die Gegend hatte laufen sehen, während er im Auto warten musste. Er hatte die Idee, dort wieder das Auto zu finden. Ich konnte ihn aber weder stationieren, also an einem Platz halten, damit wir eine Chance gehabt hätten, alle Geschäfte in der Gegend abzufahren, noch war er an weiterer Kommunikation interessiert. Er wirkte hektisch, lief immer herum und suchte. Nach sieben Tagen Heilkreis, einem Gefühl von ständigem Laufen und keinen Sichtungen mehr, also spurlos verschwunden, konnte ich auch nicht mehr tun und musste darauf vertrauen, dass ich ihm zumindest energetisch auf den richtigen Weg geholfen hatte.

Nach vier Wochen stand er wieder vor seiner Haustür. Er hatte sich quer durch das ganze Rhein-Main-Gebiet mit allen Autobahnen, Bundesstraßen und Herausforderungen bis nach Hause durchgeschlagen!

20.
Ihr Tier ist wieder da!

Sofern Ihr Schätzchen länger unterwegs war, bitte langsam anfüttern und nicht gleich volle Futterschüsseln anbieten. Lieber kleine Portionen und dafür öfter, damit sich der Magen wieder daran gewöhnen kann!

Gerade bei lange abgängigen Tieren sollte man beim geringsten Zweifel bitte auch vom Tierarzt einen Check machen lassen, selbst wenn keine offensichtlichen Wunden erkennbar sind. Um eine eventuelle Dehydrierung muss sich schnell gekümmert werden, um Folgeschäden der Organe zu minimieren bzw. diese schnell wieder in volle Versorgung zu bringen!

Bitte vergessen Sie in Ihrem Glück nicht, alle zu informieren, die Sie in die Suche integriert haben.

Dazu gehört neben allen Nachbarn, Freunden, Tierschutzvereinen etc. auch die für Sie arbeitende Tierkommunikatorin.

Jeder wird froh sein, an Ihrem Glück teilnehmen zu können, aber auch zu wissen, dass er nicht mehr die Augen und Ohren offen halten muss oder dass er ein Karteiblatt als erledigt weglegen kann.

Es ist äußerst ärgerlich, wenn man sich ein vermisstes Tier sehr zu Herzen nimmt, mit sucht, vielleicht Extraspaziergänge macht und Gärten kontrolliert oder wie ich im Heilkreis arbeitet, um dann irgendwann zu erfahren, dass das Tier doch schon längst wieder zu Hause angekommen ist.

Außerdem sollten Sie noch alle Flyer abnehmen, das lenkt Achtsamkeit auf eventuelle neue Notfellchen und hält natürlich auch unsere Welt etwas sauberer, als wenn alte Fetzen durch die Gegend fallen oder Anschlagbretter blockiert sind.

Wichtig: Vergessen Sie nicht eventuell Abgesprochenes mit Ihrem Schatz. Hatte das Tier einen Grund oder Auslöser für seine Abwesenheit? Hatten Sie zu wenig Zeit, Ihr Tier mit einem unangekündigten Hundebesuch, Enkelbesuch oder Handwerker überrascht? War es ihm zu langweilig, taten Sie zu viel oder zu wenig des Betüddelns? Bitte beherzigen Sie die Informationen für die Zukunft, damit Ihr tierisches Familienmitglied noch lange mit Ihnen glücklich sein kann!

Und zuletzt: Spätestens jetzt wäre es eine gute Idee, Ihr Tier – auch die Wohnungskatze, die nie hinauskommt – chippen zu lassen, falls das noch nicht geschehen ist!

21. Ich konnte Ihr Tier (noch) nicht mit Ihnen vereinen

Gerne würde ich die ganze (Tier-)Welt retten, aber alle kann ich nicht nach Hause bringen.

Unter besonderen Umständen (z. B. das Tier ist in ein Auto eingestiegen und eventuell weiter weg oder ist in eine Wohnung aufgenommen worden und nicht frei in seiner Bewegung) würde ich schon empfehlen, nochmals etwas länger im Heilkreis zu arbeiten, um dem „Zufall" weiter auf die Sprünge zu helfen.

Allerdings bevorzuge ich es auch, ehrlich zu sein und irgendwann zu sagen: „Mehr kann ich leider nicht tun!"

Sofern die Tendenz besteht, dass das Tier noch unterwegs ist und einfach keine Orientierung nach Hause hat oder Abenteurer im Sommer auch erst mal gar keine Lust auf geregeltes Leben haben, würde es sinnvoll sein, nach zwei bis drei Monaten nochmals Kontakt aufzunehmen und die Suche wieder sozusagen von vorne zu beginnen.

Gerade bei den „Sommer/Herbst-Abenteurern" würde sinnvoll sein, nochmals ins Angebot zu gehen, wenn die schlechte nasse und kalte Jahreszeit anfängt. Dann sind die Felder abgeerntet, meist wird es schwerer, noch an ausreichend Nahrung durch Mäuse zu kommen, und viele Unterschlüpfe sind auch nicht mehr so gemütlich.

Der ein oder andere Ausreißer erinnert sich dann gerne an das geborgene Familienleben mit Vollversorgung und lässt sich auf Vorschläge ein.

Es wäre der Job des Menschen, mich nach der Zeit, wenn es sich stimmig anfühlt, nochmals zu kontaktieren!

Dass ein Tier zu einem späteren Zeitpunkt von sich aus bei mir „anklingelt“ und um Hilfe bittet, ist mir bislang nur sehr wenige Male passiert.

Dazu haben die Tiere aber auch wenig Chancen, da ich ja den ganzen Tag mit den verschiedensten Tieren austerminiert bin.

Zu den Tieren, die mich aus eigenem Antrieb kontaktiert haben, gehört der Kater Murk. Als unabhängiger Katermann war er schon ein paar Mal wenige Tage unterwegs gewesen, aber auch immer wieder zurückgekommen. Nach drei Wochen wurde es seinen Menschen aber doch arg bange ums Herz und sie riefen mich an.

Murk erklärte mir genau, wie es zu Hause aussehe, welche Wege er langgegangen sei und dass er beschäftigt sei. Meine Bitte, doch wenigstens mal kurz aufzuzeigen und seine Menschen zu beruhigen, ignorierte er.

Sein Mensch erzählte mir noch, dass er glaubte, ihn ein paar Kilometer weg an einer Straßenkreuzung gesehen zu haben, aber als die Frau ausstieg und ihn rief, war er sofort auf der Flucht und sie sich nicht mehr sicher, ob er es überhaupt war.

Leider musste ich die Unterlagen aber nach einiger Zeit weglegen, weil keinerlei Entgegenkommen von ihm zu fühlen war und ich eher immer weniger Kontakt zu ihm bekam.

Ich musste akzeptieren, dass er zumindest zurzeit kein Interesse daran hatte, zu seiner Familie zurückzukommen, und erklärte das auch so seinen Menschen.

In etwa ein Vierteljahr später war er im Zwischenraum von zwei Beratungen so präsent vor meinem Inneren, als würde er auf meinem Schreibtisch stehen.

Mit großen vorwurfsvollen Augen bekam ich zugeworfen: „Vergiss mich nicht, sie brauchen mich jetzt zu Hause!“ .... Mitteilung Ende.

Super, was macht man damit? Also holte ich die Unterlagen raus und rief sein Frauchen an, die aus allen Wolken fiel. Am nächsten Tag hatte die Tochter Geburtstag und der Kater war ihr absoluter Liebling. Sie trauerte sehr, seit er nicht mehr da war.

Die Frau fuhr sofort aus einem Bauchgefühl heraus zu der Kreuzung, wo sie damals meinte, ihn gesehen zu haben. Und wer saß da und wartete auf sein Taxi? Diesmal ließ Murk sich ohne Widerstreben anfassen, hochheben, ins Auto setzen und zu seinem kleinen Menschen nach Hause mitnehmen. Das wurde wohl ein schönerer Geburtstag, als das Mädchen sich ihn jemals hätte wünschen können.

22.
Der Abschluss

„Wie lange soll ich noch suchen?“ ist dann die nächste Frage. Ich kann Ihnen die Entscheidung nicht abnehmen und möchte es auch nicht. Denn dann kommt eventuell irgendwann die Idee in Ihnen „Hätte ich doch …“. Ich kann nur für mich sprechen, wenn meine Möglichkeiten erschöpft sind.

Mein Ratschlag ist: Markieren Sie heute in Ihrem Terminplaner/Kalender einen Zeitraum – ob in zwei Wochen, zwei Monaten oder einem halben Jahr –, von dem Sie sich jetzt vorstellen können, dass Sie dann alle Suchmöglichkeiten ausgeschöpft und Ihr Bestes getan haben. Bis Sie zu diesem markierten Datum kommen, tun Sie alles, was Sie das Gefühl haben, tun zu können. Aber wenn Sie dann an diesem Datum sind, dann machen Sie eine kleine Zeremonie:

Stellen Sie ein Foto Ihres vermissten Lieblings auf. Vielleicht eine kleine Kerze dazu. Nehmen Sie sich Ruhe und Zeit. Durchleben Sie geistig nochmals die gemeinsame Zeit mit all der Schönheit. Bedanken Sie sich für die gemeinsamen Erlebnisse und die gefühlte Liebe und Zuneigung.

Wünschen Sie dem Tier alles Gute, sei es in seinem körperlichen und/oder seelischen Weg. Stellen Sie sich in Ihrem Herzen einen Raum vor für alle, die Ihr Leben in Liebe berührt haben, und stellen Sie dort ein geistiges Bild Ihres Zusammenseins auf.

Das heißt nicht, dass Sie Ihr Tier aufgeben müssen, aber es sollte ein Schlusspunkt für aktive Suchen sein, damit Sie auch wieder zur Ruhe kommen. Jetzt ist es an dem Tier, wenn es richtig sein soll, dass es auf irgendeine Art und Weise aufzeigt. Lassen Sie los und machen Sie die Heimkehr zu seinem alleinigen Job. Wenn Sie sich in monatelangen Suchen komplett erschöpfen, tun Sie niemandem einen Gefallen.

Oft leidet eine eventuell noch vorhandene Tierfamilie rein solidarisch mit. Durchaus auch nicht wegen des abgängigen Tiers, sondern weil der Mensch in Gedanken immer bei diesem ist, Traurigkeit in sich hat und die leichte, fröhliche Familienenergie weg ist.

Einer Dame habe ich versucht, das zu erklären. Der zweite Kater der Familie war sehr unruhig und fast schon aggressiv, entgegen seines sonst sehr liebevollem Wesens. Den Zusammenhang, dass ihre Unruhe und Verzweiflung der eigentliche Auslöser waren, hatte die Frau nicht verstanden. In dem Moment, als ich es aussprach, war es aber absolut klar, dass das Tier sie spiegelte.

Eine andere meinte: „Ja, vom Verstand her habe ich schon alles getan, aber man hört doch so oft, dass noch Wunder geschehen, und deswegen mag ich nicht aufgeben."

Sie musste sich eine für mich typische Antwort anhören. Wunder sind fein. Ja, und es kann sie geben. Es gibt auch immer wieder Leute, die im Lotto eine Million gewinnen. Aber wenn Sie Lotto spielen, würden Sie Ihre ganze Kraft darauf aufwenden, jeden Tag vor dem Lottoladen zu stehen und verzweifelt auf die Zahlen zu warten? Oder Ihr Leben weiterleben mit Leichtigkeit und Freude? Wie, glauben Sie, hat ein Wunder mehr Chancen?

Das heißt ja noch lange nicht, dass Sie Ihr Tier nicht wieder aufnehmen würden, wenn es vor der Türe steht! – Die Million würde ich auch nehmen, wenn der Briefträger mit einer Mitteilung kommt.

23.
Vorbeugen ist besser als suchen!

Viele Tragödien könnten vermieden werden, wenn die Tiere auf Änderungen vorbereitet würden oder einiges im Voraus berücksichtigt würde!

Diese Aufträge sind mir natürlich wesentlich lieber als eine Suche!

Ich weiß auch, dass ich manches in vorherigen Kapiteln schon angedeutet habe, mag aber gerne hier nochmals zusammenfassen und detailliert darauf eingehen.

Dass ich diesen Satz unterdessen schon tanzen, singen und träumen kann, werden Sie hoffentlich verstehen, nachdem ich seit nunmehr 20 Jahren den Ausreißern nachspüre:

Ganz oben auf der To-do-Liste steht bitte, Ihrem Tier einen Chip einsetzen zu lassen oder es zu beringen und registrieren zu lassen!

► Urlaub

Gerne erkläre ich vorher Ihren Tiergefährten genaue Abläufe. Wann sind Sie außer Haus und wie lange? Gibt es eventuell einen guten Grund, warum Ihr Hund diesmal nicht mit in den Urlaub darf, obwohl er sonst immer Teil Ihrer Ausflüge ist?

Ein Hundchen, dem ich den geplanten Flug und den Tauchurlaub (mit Flugzeug, dann ganz viel kaltem Wasser und keiner Luft) erklärt habe, nahm dann schon gerne die Option an, bei den Schwiegereltern zu bleiben.

Wie genau sind die Abläufe, von wem wird das Tier betreut? Manch ein Schatz fühlt sich beruhigter, wenn er weiß das „der/die Fremde“ oder auch die schon bekannte Nachbarin an den geheiligten Kühlschrank darf.

Falls Optionen für die Betreuung bestehen, ist es natürlich respektvoll, das Tier nach seinem Wunsch zu befragen.

Gerne „handele“ ich mit den Menschen aus, ob es eventuell Sonderrechte für die Zeit des Betreutwerdens geben könnte, und erkläre den Tieren, wie toll der eigene „Hunde-/Katzenurlaub“ sein wird – oder welche Spezies auch immer. Schließlich sind auch Vögel, Nager oder Reptilien für Extrarationen oder -bespaßung sehr zugänglich.

Bei Freigängern ist noch zu überlegen, ob sie auch in der Zeit der Abwesenheit unbegrenzt Ein- und Ausgang erhalten oder sie verstehen müssen, dass in dieser Zeit die Türen nach draußen verschlossen bleiben, und welcher Ausgleich ihnen für diese Einschränkungen eingeräumt werden kann.

Die Menschen zum Tier muss ich oft aus dem eigenen schlechten Gewissen bringen. Natürlich nehmen die Tiere das auf und bekommen direkt das Gefühl, dass irgendetwas nicht stimmt.

Darf das Hundchen mit verreisen, erkläre ich gerne die Reise, die Wichtigkeit des „Vorübergehendzuhauses“ und, wenn notwendig, die Wünsche für bestimmtes Verhalten, wie z. B. im Hotelzimmer nicht jeden zu melden, der im Gang vorbeigeht.

Egal welche Spezies, ich mache darauf aufmerksam, wie wichtig es ist, in der fremden Umgebung immer in der Nähe der Menschen zu bleiben und aufzuzeigen, zu welcher Familie sie gehören.

Einigen Katzen, die gerne mitmöchten, durfte ich auch schon den Sinn und Zweck des rollenden Zuhauses, sprich eines Wohnmobils, erklären. Bevor es auf große Reise ging, gehörten aber natürlich, wenn möglich, eine oder mehrere Probefahrten dazu.

Das Freilaufenlassen von Katzen auf einem Campingplatz, auch wenn sie „normalerweise“ nur vor dem Wohnwagen sitzen, brachte auch schon einiges an Aufregungen.

Schließlich ist nicht abzusehen, ob eventuell ein fremder Hund oder spielende Kinder das Tier erschrecken.

Auch hier darf ich nochmals dringend darauf aufmerksam machen, dass es wirklich gefährlich sein kann, einen Hund im Hochgebirge frei laufen zu lassen, selbst wenn er kein Jäger ist und „normal“ brav bei seinen Menschen bleibt. Ebenso die Wasserfanatiker in jedes unbekannte Gewässer springen zu lassen, dessen Strömungen Sie nicht einschätzen können!

Für die Meeresfans wiederhole ich nochmals, im Sand zu buddeln kann ab einer gewissen Tiefe eine tödliche Falle für Ihr Tier werden!

► Umzug

Wie Sie den sinnvollsten Ablauf planen können um alle heil ins neue Revier umzuziehen:

Jetzt ist es wichtig, Ihr Tier die bevorstehende Änderung wissen zu lassen! Am besten kurz vor der Zeit, wenn Sie anfangen, die ersten Kartons zu packen. Das nimmt die Aufregung und bringt die Tiere in ein Verständnis für die Hektik der Menschen. Vor allem nimmt es ihnen die Ängste, dass sie vergessen oder zurückgelassen werden!

Das Schatzi möglichst in einem Gespräch vorher darauf vorbereiten, welche Abläufe folgen werden, dass es immer sicher ist und was im neuen Zuhause sein wird.

Den Eintrag ins Haustierregister auf die neue Adresse und Telefondaten abändern.

Während des Umzuges das Tier im alten Zuhause in ein Zimmer geben, das nicht mehr frequentiert werden muss (z. B. Bad oder Toilette), abschließen und Schlüssel einstecken, damit sich auch wirklich niemand hineinverirrt und das Tier in Panik wegen des Durcheinanders losstürmen kann.

Ist die Wohnung leer und Helfer und Handwerker laufen nicht mehr herum, nehmen Sie Ihr Wertvollstes als Letztes in einem gut gesicherten Transportkorb mit und geben es im neuen Zuhause angekommen wieder direkt in das am wenigsten nötige Zimmer, sperren ab und stecken den Schlüssel ein. Wenn die ersten Möbel stehen, die dem Tier vertraut sind, möglichst Kratzbaum und Körbchen, Futterschalen da sind, alle Leute aus dem Haus, dann Wohnungstür absperren, Schlüssel einstecken und Sie können Ihr Kleines auf die erste Erkundungstour gehen lassen.

Warum ich so viel Wert darauf lege, immer den Schlüssel einzustecken? Oft waren der Ablauf, der gute Wille und die Struktur da, hätte nur nicht jemand aus Versehen das Bad aufgemacht. Oder abends eben noch mal schnell den Plastikmüll vom Auspacken der Kartons zur Abfalltonne gebracht; leider schlüpfte die Katze durch die Beine und war weg. Das Abschließen und Schlüsseleinstecken erinnert Sie an bewusste Abläufe und „aus Versehen" wird sich minimieren.

Das Tier mindestens vier Wochen, besser sechs Wochen, im Haus behalten und dann möglichst immer nur kurze Zeiten nach draußen lassen. Wenn es geht, die ersten beiden Wochen möglichst im Blickkontakt bleiben. Sehr geeignet ist dafür z. B. Regenwetter oder im Winter Kälte, wenn das Tier von sich aus nicht so den Anspruch hat, lange Zeit auf Tour zu gehen.

Auch für diejenigen, die mir sagen, dass es unmöglich ist, das Tier so lange im Innenbereich zu halten:

Zum einen können wir das Tier mit einer Kommunikation über die Abläufe eines Umzuges **vor dem Geschehen** bekannt machen und natürlich auch über den Prozess **nach dem Umzug.** Es dabei bestärken, die Wohnung erst mal kennenzulernen und die Energie des neuen Lebensumfeldes aufzunehmen. Zum anderen können Sie als Mensch das Tier mehr beschäftigen, als Sie es sonst normalerweise tun, z. B. mit Häuschen aus Pappkartons bespaßen – die Sie ja wahrscheinlich ohnehin genug bei einem Umzug haben. Immer wieder Veränderungen anbringen, Futter verstecken und sonstige Bespaßungsideen einbringen.

Seien Sie bitte sicher:

Ich weiß, Sie haben bei einem Umzug dafür keine Zeit – aber mehr Zeit ist verloren damit, mit Plakaten von Haus zu Haus zu laufen und Keller abzusuchen, wenn Ihr Tier wirklich verloren gegangen ist.

Ich weiß, Sie haben eventuell gerade renoviert und ein gelangweiltes Katzentier an Ihren neuen Tapeten ist das Letzte, was Sie brauchen – aber Sie wären so glücklich, noch einmal diese wohlig ausgestreckte kratzende Katze zu sehen, wenn sie dann weg ist.

Was ist eine beschädigte Tapete gegen ein wunderbar erfülltes Leben miteinander?

Wenn Sie das Tier nach draußen lassen, bitte erst mal immer nur kurze Zeit. Locken Sie es mit einem Leckerchen und bedenken Sie Ihr Tier mit extraviel Liebe und Aufmerksamkeit, je nachdem, was für Ihre Katze das Schönste ist. Es reicht, wenn das Tier dafür kurz zurückgekommen ist, und es darf dann auch wieder gehen. Je öfter das passiert, desto klarer prägt sich Ihr Tigerchen ein, wo die neue Haustür ist, wie der Rückweg funktioniert, und kommt auch gerne mal kurz „Zum-eben-Nachsehen", ob es nicht was Tolles gibt.

Den überwiegenden Ablauf des Abhandenkommens bei einem Umzug habe ich Ihnen bereits im entsprechenden Abschnitt auf Seite 114 erläutert, bitte immer daran denken und somit auch länger als eine Woche ein Auge auf Ihren Freigänger haben! Natürlich nach entsprechender Eingewöhnungszeit und auch bei gewohnten Freigängern!

Selbst wenn Sie planen, einige Ihrer Möbel auszutauschen: Tun Sie Ihrem Tier einen Gefallen und nehmen Sie doch bitte erst mal den Lieblingssessel oder den alten Kratzbaum mit, damit sich das Tier im neuen Zuhause direkt wieder heimisch fühlt.

Freigängerkatzen bereite ich auch gerne darauf vor, dass sie in der ersten Zeit nach dem Umzug die Wohnung nicht werden verlassen können. Selbstverständlich „verkaufe" ich es ihnen als ganz wichtig, dass sie gute Energie in die neuen Wohnräume geben, damit sich jeder im neuen Revier wohlfühlt und dass das eine ganz wichtige Aufgabe ist, ihre Menschen zu unterstützen.

► Veränderungen bei den Familienmitgliedern

Sei es der Auszug aus einer Wohngemeinschaft, das Zusammenziehen mit Freund oder Freundin oder auch die Ankunft eines Menschenbabys, für das Tier bedeutet das eine einschneidende Veränderung.

Wichtig ist es, sich vorher darüber Gedanken zu machen, wie diese familiären Veränderungen das Tier beeinflussen und an welche neuen Rituale oder Gegebenheiten es sich gewöhnen muss.

Ein vorbereitendes Gespräch und eine genaue Vorstellung, wie das Tier sich in die neue Familiensituation einbringen kann, sind sehr sinnvoll und erleichtern gewiss den Übergang in die neue Familienkonstellation.

Bei Planung von Zuwachs in der Tierfamilie wäre es immer schön, wenn zuerst mit dem Tier das Thema angesprochen würde. Die meisten Tiere haben klare Vorstellungen davon und Aussagen dazu, ob sie das möchten oder nicht. Einige kommunizieren auch besondere Wünsche, was für ein Tier es sein soll, sei es, welches Geschlecht und Alter oder auch welchen Charakter es haben soll.

Die häufig gemachte oder gedachte Aussage „Die Tiere klären das schon unter sich.“ möchte ich so nicht stehen lassen. Wir Menschen sind es, die Tiere in eine Hausgemeinschaft bringen, und oft haben diese gar keine Wahl und Ausweichmöglichkeit. Hier sind unser Einbringen und das Erklären von Hausregeln und Benimmordnungen gefragt.

Ob mit oder ohne vorherige Absprache, bitte Freigängerkatzen nicht einfach laufen lassen!

Viele trauen sich dann nicht, zurückzukommen, oder wandern ganz ab.

Die Vergesellschaftung der Tiere sollte erst abgeschlossen sein, bis jeder wieder seiner Wege gehen darf.

Wenn Sie sicher sind, dass Ihre Katze trotz Ängsten abends wiederkommt, dann kann sie natürlich nach draußen. In der Anwesenheitszeit sollten Sie die Tiere jedoch gezielt erst an den gegenseitigen Geruch gewöhnen und später auch unter Aufsicht an Begegnungen arbeiten.

Hierzu kann ich Ihnen gerne in einem persönlichen Gespräch den ein oder anderen Tipp geben.

▶ Handwerker und Co.

Sind größere Arbeiten geplant, sei es in Ihrem unmittelbaren Wohnbereich oder auch am Haus oder in der Umgebung, ist es natürlich immer schön, das Tier auf die vorübergehende Änderung und Geräuschkulisse vorzubereiten.

Was uns manchmal so selbstverständlich ist, weil wir es wissen, kann den Tieren einen großen Schrecken einjagen.

Stellen Sie sich einmal vor, plötzlich wird Ihr Garten aufgegraben, jemand hämmert an Ihrer Hausmauer oder auf dem Nachbargrundstück fahren Bagger an, wie Sie sich erschrecken.

Sie können es dann meist direkt verstehen und zuordnen, Ihr Tier vielleicht nicht.

Ganz Empfindsame nehmen es schon als Katastrophe wahr, dass der Sanitärtechniker nach dem undichten Wasserhahn schaut, und beschließen, das Haus ist gefährlich und fremdbelagert.

Eine gute Beobachtung lässt uns schnell wissen, was Ihr Tier umsetzen kann und womit es überfordert ist und dass ein Weg des Umgangs mit dieser Gefährdung gefunden werden muss.

Versuchen Sie, neue Situationen aus der Sicht des Tieres heraus zu sehen, und dann werden Sie wissen, ob Sie mich benötigen!

▶ Adoptionen

Bei Katzen gilt natürlich auch hier wieder, dass die Tiere die ersten vier, besser sechs Wochen im Haus bleiben müssen. Länger immer dann, wenn die Vergesellschaftung mit eventuell schon vorhandenen Tiergefährten noch nicht abgeschlossen ist.

Bei Hunden bitte am Anfang immer ein gut sitzendes Sicherheitsgeschirr nutzen.

Die Ausrüstung sollte immer mit Kontaktdaten versehen sein, sei es ein Adressanhänger oder eine aufgestickte Telefonnummer.

Nehmen Sie wirklich ernst, dass zumindest bei den Hunden ein Sicherheitsgeschirr getragen werden muss.

Eine Leine befindet sich am Geschirr und eine zweite am Halsband. Idealerweise sollte eine davon an Ihrem Körper befestigt sein. Niemand kann zu 100 % versprechen, dass nicht doch einmal eine Leine aus der Hand rutscht! Ein Tracker, der als Ergänzung zusätzlich am Halsband oder Geschirr des Tieres befestigt wird, sichert weitestgehend ab. Diese gibt es heute bereits in kleinen Formaten zu kaufen inklusive Befestigungsmöglichkeit an dem Geschirr oder Halsband.

Programmieren Sie vorher geistig in Ihre Reflexe ein, wie Sie sich verhalten müssen, wenn Sie mit so einem Schätzchen laufen und es den Fluchtgang einlegt! Sie müssen nachgeben und mitlaufen! Gegenziehen hilft nur, aus dem Geschirr rauszukommen! Natürlich geht das nur, wenn nicht direkt daneben die Straße verläuft. Vielleicht können Sie die eigene Position so ändern, dass Sie sich zwischen Gefahr und Hund befinden. Also, auch wenn erst mal alles gut geht: Achten Sie immer darauf, dass Sie an der Straßenseite laufen und das Tier auf der anderen Seite! Dann kann das Tier versuchen, in die ruhige Zone zu fliehen, z. B. eine Wiese oder auch auf einen breiten Seitenstreifen, und Sie können folgen. Es muss nicht elegant aussehen, wenn Sie durch den Straßengraben stolpern und in den nächsten Busch stürzen! Manchmal hat man das Glück, wenn man nicht die Panik durch Gegenhalten schürt, dass das Tier sich ein Versteck sucht oder etwas im Rücken haben möchte, wie z. B. eine Mauer oder einen Busch, und sich dann beruhigt.

Viele lernen auch, dass vielleicht der Haken von Bellos alter Leine, dem wohlerzogenen Senior, genug Halt bot, aber ein Paniker diesen Haken in einer Millisekunde ans Ende seiner Lebensdauer gebracht hat.

Legen Sie das heilige Teil gleich als Andenken zu dem Foto von Ihrem vorherigen Schatzi und kaufen Sie etwas Neues! Sicher ist sicher!

Sofern Sie einen oder mehrere Vögel, Nager oder Reptilien in Ihre Familie einladen und diese sich nach der Eingewöhnungszeit in der Wohnung oder dem Haus frei bewegen dürfen, dann entwickeln Sie bitte für sich ein Ritual, um häufig benutzte Türen oder Fenster zu sichern, z. B., wenn Sie die Käfigtür öffnen, immer gleichzeitig einen Gegenstand vor die Haustür, Zimmertür oder das Wohnzimmerfenster stellen. Dann müssen Sie diesen erst wegbewegen, um zu öffnen, und erinnern sich dadurch hoffentlich daran, dass Ihre Tiere frei sind!

► Silvester und Schüsse

Als vorbeugende Maßnahme sollten von jedem tierischen Familienmitglied Duftstoffe in einem Glas aufbewahrt werden. Wichtig ist, dass es nicht mit anderen Düften in Berührung kommt!

Also am besten direkt vom Tierkörper mit Handschuhen oder Pinzette ein paar Haare nehmen und sofort in ein Glas geben, dieses verschließen und beschriften (falls Sie mehrere Tiere haben)!

So ist bereits vorgesorgt, falls ein Juwelchen fehlt und ein Petfinder eingesetzt werden muss.

Ich habe schon oft gehört, dass manche Menschen es als ein „eigenes Armutszeugnis" empfinden, wenn sie einen Hund, der schon lange zur Familie gehört, am Sicherheitsgeschirr führen.

Bitte haben Sie keine falsche Scham! Das bedeutet nicht, dass Ihnen Ihr Tier nicht vertraut oder Sie nicht mit ihm umgehen können, sondern dass Sie auf seine Sicherheit bedacht sind!

Bestimmt sind Ihnen doch auch schon mal „die Nerven entglitten" in irgendeiner Situation und eventuelle Reaktionen konnten Sie nicht mehr selbst steuern! Ein „Kniezittern" nach einem Beinaheunfall hatten schon viele.

Bei den meisten Tieren ist als Überlebensstrategie im Nervensystem zusätzlich noch „fliehen so weit weg wie möglich" eingebaut. Das hat mit Ihnen als Führendem in dem Moment gar nichts zu tun.

Deswegen ist es einfach weise und vorausschauend, die kleinen Paniker in sicherem Gewahrsam zu haben. Ein Schuss oder auch eine Autofehlzündung kann immer irgendwo zu hören sein.

Ab dem offiziellen Verkaufsdatum von Silvesterfeuerwerk bis mindestens drei Tage nach der Silvesternacht lassen Sie Ihr Tier bitte an der Leine!

Am letzten Tag des Jahres gehen Sie nachmittags ziemlich zeitig Gassi, wenn möglich auch nur noch in den Garten, und lassen ansonsten Ihr Tier bis am Neujahrstag im Haus.

Wenn Sie irgendwohin fahren, sichern Sie Ihr Tier auch auf dem kürzesten Weg von Tür bis Auto! Sind Sie zu Besuch, dann haben Sie Ihr Tier immer im Auge oder sorgen Sie dafür, dass es in einem geschlossenen Bereich ist. Zu schnell öffnet jemand unbedacht eine Haustür und Ihr Schatz flieht in Panik.

Bitte in dieser Zeit auch im eigenen Garten eine Sicherheitsleine anbringen und möglichst in der Hand halten, wenn Sie nicht einen absolut souveränen Oldie haben.

Manch Familie konnte schon nur noch hilflos zusehen, wie das Hundchen einen Zaun oder eine Mauer mühelos übersprang und weg war!

Freigängerkatzen bitte rechtzeitig, möglichst schon am Vormittag vor Silvester, ins Haus holen und mindestens einen Tag zu Hause lassen!

Die Silvesternacht ist die Nacht des Jahres, in der die größte Anzahl von Tieren verloren geht, und viele bezahlen das mit dem Leben.

Lassen Sie mit Ihrer Achtsamkeit am Neujahrstag nicht nach! Viele Menschen spielen noch mit den restlichen Feuerwerkskörpern.

24.
Schlusswort

Viele Tiere konnte ich unter widrigsten Umständen schon wieder mit ihren Familien vereinen. Bitte geben Sie die Hoffnung nicht so schnell auf.

Tierkommunikation ist ein wertvoller Puzzlestein, der in Zusammenarbeit mit Ihnen das Tier in eine ruhigere Situation bringen kann, aus der Handeln heraus wieder möglich ist. Sie kann Ihnen helfen, das Wesentliche zu sehen, mehr Ruhe auszustrahlen und damit Ihrem Tier Sicherheit und Zutrauen zu geben.

Ich bedanke mich bei allen, die mir ihr Vertrauen geschenkt haben.

Allen Menschen, die so liebevoll auf ihre Tiergefährten achten.

Allen Tieren, die mich gelehrt haben, und bei denen, die gut zugehört haben und dadurch schnell wieder mit ihren Familien vereint waren.

Ich trauere mit Ihnen um jedes Ihrer verlorenen Tiere.

Ich entschuldige mich bei allen Tieren, denen ich nicht schnell genug, gut genug die richtige Unterstützung geben konnte.

Wichtig ist mir auch, meinen wichtigsten menschlichen Lehrern in meinem Leben zu danken.

Penelope Smith, die Pionierin der Tierkommunikation, die immer an mich geglaubt hat. Für die vielen Jahre, in denen ich sie begleiten und so viel lernen durfte. Sie hat mich geschubst und ermutigt. Danke für deine Geduld!

Linda Tellington-Jones, die mich über Mensch und Tier und alle Emotionen und Aktionen auf beiden Seiten so viel gelehrt hat.

Die einzigartigen Werkzeuge, die sie uns beibrachte. Das Können, durch Herz und Hände das andere Leben wahrzunehmen und zu unterstützen.

Ihre powervolle Energie und das gemeinsame Herzblut für die Tierwelt haben mein Leben verändert, mein Fühlen erweitert.

Beide haben mich auf meinen persönlichen Weg geführt, der für mich alles bedeutet und in dem ich mein Zuhause gefunden habe.

Nicht vergessen will ich auch meinen Mitarbeiter und Sohn Toni Jaeger, der mir seit Jahren alles abnimmt, wenn ich mal wieder mit Notfellen beschäftigt bin und das „normale Leben“ vergesse!

Die Autorin

Monika Jaeger

lebt zurückgezogen in einem kleinen Waldhäuschen mit ihren Tieren. Seit über 40 Jahren erfüllen diese Begleiter ihr Leben. Von Reitunterricht bis zu Korrekturen bei Pferden und Hunden hat sie vielen Menschen im Zusammenleben mit und Verstehen der (vierbeinigen) Gefährten geholfen und zahlreiche Tiere dabei unterstützt, die Wünsche und Herausforderungen des Lebens in unserer engen Zivilisation zu verstehen. Seit nunmehr über 20 Jahren ist Tierkommunikation sowohl mit Beratung für Mensch und Tier als auch Ausbildung zur professionellen Tierkommunikatorin und Dozentin ihr Hauptanliegen. Denn je besser die unterschiedlichen Spezies einander verstehen, desto mehr Rücksichtnahme wird es zwischen ihnen geben.

Weiterführende Literatur

Rugas Turid, Calming Signals - Die Beschwichtigungssignale der Hunde, animal learn Verlag, 2001

Smith Penelope *Gespräche mit Tieren*, Reichel Verlag, 2019

Smith Penelope, Tiere als sprechende Gefährten, Reichel Verlag, 2017

Smith Penelope, Tiere erzählen vom Tod, Reichel Verlag 2021

Tellington-Jones Linda, Tellington Training für Hunde, Kosmos Verlag 2010

Tellington-Jones Linda, Ttouch ® für Katzen, Kosmos Verlag 2008

Tellington-Jones Linda, Der neue Weg im Umgang mit Tieren, Kosmos Verlag 2005

Tellington-Jones Linda, Die Linda Tellington-Jones Reitschule, Kosmos Verlag 1996

Ingrid Rose Fröhling

Leben und Sterben aus Sicht unsererTiere

Ingrid Rose Fröhling gibt inspirierende und berührende Einblicke in die Gefühls- und Gedankenwelt der Tiere. Das Buch ist ein unersetzlicher Trostspender und Ratgeber, insbesondere wenn das geliebte Tier in die Jahre gekommen ist und bald die Erde verlassen wird. Denn mittels der Tierkommunikation ist es möglich, das Tier ganz in seinem Sinne in den letzten Stunden zu begleiten. Ein Buch, vollgepackt mit Anregungen und praktischen Empfehlungen; eine heilsame und befreiende Erfahrung – und eine echte Hilfestellung für alle, die ihrem Tier etwas von seiner Liebe und Treue zurückgeben möchten.

174 Seiten / €18,50 ISBN 978-3-946959-75-5

Ingrid Rose Fröhling & Lucien Majrich

Heilsame Klänge für Tiere 2

Vollendung, Loslassen, Neueginn

Klangschalen-Komposition vor, die sich vor allem bei nervösen, kranken und alten Tieren als ungemein entspannend und beruhigend erwiesen hat.

€ 12,95 ISBN 978-3-946433-94-1

Ingrid Rose Fröhling & Lucien Majrich

Heilsame Klänge für Tiere 1

Mutterton-Komposition: Entspannende Wirkung "Bei Heimweh, bei Verlustangst, bei Ängsten überhaupt." Rudelton-Komposition: harmonisieren das Miteinander von zänkischen oder einzelgängerischenTieren.

€ 12,50 ISBN 978-3-946433-93-4

Barbara Zierdt

Kleines Katzen-Survival-Kit
Erste Hilfe bei Alltagsdramen, Krankheiten und Unfälle, Verhaltensstörungen

Psychologie, Heilmethoden, Tipps und Tricks für alltägliche Fragen.

Aus dem Inhalt: Katzen-Charaktere, Rassekatzen, verwaiste Tiere, Welpen aus dem Tierheim. Die Grundbedürfnisse: Futter, Spielzeug, Mensch und Natur. Wie Katzen die Welt erleben: Regeln für ein harmonisches Zusammenleben.

Homöopathie und Notfallapotheke. Bachblüten, Schüssler-Salze, alternative Heilmethoden. Behandeln mit Aloe Vera, Edelstein- und Farbtherapie. Geistiges Heilen und Reiki. Osteopathie. Kleine Katzenpsychologie, Tierkommunikation – und vieles mehr …

136 Seiten/ gebunden/ € 13,50 ISBN 978-3-941435-00-1

Marta Williams

Ohne Worte – Mit Tieren und Natur sprechen

Wussten Sie, dass Ihr Pferd Sie um Hilfe bittet, wenn ihm etwas fehlt? Dass Sie die Heilkraft eines Baumes spüren und in sich aufnehmen können? *Ohne Worte* zeigt, wie wir die intuitiven Fähigkeiten, die wir von Geburt an besitzen, wieder wecken und neu erlernen können!

200 S. Gebunden / € 18,50 ISBN 978-3-926388-80-3

Penelope Smith

Tiere erzählen vom Tod

Wie Tiere ihr Sterben erleben und den Weg ins Licht finden. Mit authentischen Geschichten.

200 S. gebunden € 18,50

ISBN 978-3-926388-76-6

Penelope Smith

Gespräche mit Tieren

Praxisbuch Tierkommunikation

Lernen Sie mit Tieren zu sprechen

200 Seiten, gebunden € 18,50

ISBN 978-3-941435-62-9

Penelope Smith

Tiere als sprechende Gefährten

Tierkommunikation für Erfahrene

336 Seiten 18,50

ISBN 978-3-926388-70-4

Penelope Smith

Grundkurs: Tierkommunikation

Mit Tieren sprechen - So geht's!

2 CD´s € 21,90

ISBN 978-3-939152-02-6

Penelope Smith

Tierkommunikation:
Die Tierseele verstehen

2 CDs € 21,90

ISBN 978-3-926388-93-3

Penelope Smith

Tierkommunikation:
Heilung und Therapien

2 CD´s € 21,90

ISBN 978-3-926388-91-9

Penelope Smith

Gespräche mit Delfinen

CD € 18,00

ISBN 978-3-9808707-1

Amelia Kinkade

Tierisch gute Gespräche

Lerne mit Tieren zu sprechen, sie antworten Dir

Entdecke Deinen sechsten Sinn. Kommuniziere auf einer Ebene, die Du nie für möglich gehalten hättest. Kreiere eine neue Welt, in der Menschen und Tiere in Harmonie miteinander leben.

CD € 18,00

ISN978-3-946959-90-8